① 科略教育集团团队合影

② 第 19 期《实效战略执行系统》课程唐嘉庚现场精彩分享

③“企业实战运营高峰论坛”熊兵现场精彩分享

④《实效战略执行系统》课程学员献锦旗并合影

⑤《实效战略执行系统》课程学员与唐嘉庚合影

① 2013 年深圳“企业执行教官训练营”第一名团队

② 2013 年深圳“企业执行教官训练营”学员分享

③ 2013 年深圳“企业执行教官训练营”合影

④“企业实战运营高峰论坛”与学员团队合影

⑤“企业实战运营高峰论坛”学员团队展示

①“企业实战运营高峰论坛”授课现场

②③《实效战略执行系统》课程学员积极互动

④“企业实战运营高峰论坛”学员为唐嘉庚献锦旗

⑤《实效战略执行系统》课程现场精彩瞬间

⑥《实效战略执行系统》课程现场精彩瞬间

① 2011 年科略员工做慈善募捐

②《实效战略执行系统》课程学员感恩科略

③ 接受捐助的学校为熊兵献旗

④ 2012 年昆明《实效战略执行系统》课程为第一名学员团队颁奖

⑤ 第 18 期西安《实效战略执行系统》课程第一名学员团队

⑥《西点领导管理模式》课程学员为唐嘉庚献哈达

忠诚
成就梦想

熊　兵　唐嘉庚◎著

中国财富出版社

图书在版编目（CIP）数据

忠诚成就梦想/熊兵，唐嘉庚著．—北京：中国财富出版社，2013.6
ISBN 978-7-5047-4664-1

Ⅰ.①忠… Ⅱ.①熊…②唐… Ⅲ.①职业道德-通俗读物 Ⅳ.①B822.9-49

中国版本图书馆CIP数据核字（2013）第102098号

策划编辑	范虹轶	**责任印制**	方朋远
责任编辑	刘淑娟	**责任校对**	饶莉莉

出版发行	中国财富出版社（原中国物资出版社）		
社　　址	北京市丰台区南四环西路188号5区20楼	**邮政编码**	100070
电　　话	010-52227568（发行部）		010-52227588转307（总编室）
	010-68589540（读者服务部）		010-52227588转305（质检部）
网　　址	http://www.cfpress.com.cn		
经　　销	新华书店		
印　　刷	北京东海印刷有限公司		
书　　号	ISBN 978-7-5047-4664-1/B·0353		
开　　本	710mm×1000mm　1/16	**版　　次**	2013年6月第1版
印　　张	14.25　　彩　插　4	**印　　次**	2013年6月第1次印刷
字　　数	208千字	**定　　价**	32.00元

前 言

丢了忠诚，焉能成就梦想

职场中，每个人都有自己的梦想！有人希望自己能够作出业绩，有人希望能够获得老板的好评，有人希望在未来的某一天也能够像老板一样拥有自己的公司……正是这些梦想，让我们按时上班、积极工作。可是，有些人却不这么想。

这些人的心中也有自己的理想，努力工作了几年之后，很多人却依然在原地踏步，为什么会出现这种情况呢？其中一个重要的原因就是，对公司不忠诚。比如，有些人习惯迟到早退，有些人喜欢推脱责任，有些人喜欢在背后说老板的坏话，有些人不会维护公司的利益……如此这样，怎么能对公司忠诚？

公司和员工是一种互相依存的鱼水关系，公司需要有能力、忠诚的员工，员工也希望能够借助公司的舞台实现自己的梦想。公司和员工同在一条船上，公司的成功意味着员工的成功，一荣俱荣，一损俱损。

√忠诚最大的受益人是自己！

√忠诚可以使你在职场中获得最大的利益。

√忠诚会让你得到企业的长久重用。

√忠诚是企业对员工的最基本要求。

√忠诚是员工在职场实现个人价值的关键。

√忠诚是员工与企业缔造双赢的关键。

每个老板都希望员工能够对公司负责，能够以公司的利益为重，具备这一特点的员工，往往会受到老板的重用。忠诚是职场对每个员工的一项基本要求，如果一切以工资为导向，这山望着那山高，也就失去了立足职场的资本。那么，如何才能做到对工作忠诚、对公司忠诚呢?

为了给职场新人以启示，我们特意编写了这本书。在这本书中，我们不仅对不忠诚的现象进行了分析，还提供了很多实现忠诚的方法。案例典型、分析深刻、方法具体，值得每一位职场人士来读，尤其是初入职场的年轻人。

相信，任何一名优秀的员工都会用忠诚为企业保驾护航，与企业共同成长!

作　者

2013 年 1 月

目 录

第1部分 忠于公司，等于成就自己

第3部分 不忠诚的"理由"都是错的

第1部分

忠于公司，等于成就自己

我研究过众多员工的人生轨迹，对公司不忠诚的员工往往一事无成；而忠诚于公司、兢兢业业者更容易成功。对公司忠诚，与实现自己的梦想是统一的。只有忠于公司，努力工作，公司成功了，自己也会随之成功。今天，靠一个人打天下的时代已经一去不复返，只有在公司这个平台上，发挥出自己的光和热，才能最终成就自己的梦想。

第1章　关于忠诚，先问自己几个问题

任何一个员工都希望自己在老板的眼里是忠诚的，可是，有几个人能够真正做到呢？那么，有什么办法能够了解这一点呢？如果想确定自己是否忠诚，可以先问问自己几个问题：你是一个合格员工吗？你是不是整天都想着跳槽？工作中你经常会心生抱怨吗？

你是合格员工吗

在今天这样的社会，随着竞争压力的逐渐增大，找不到工作的人比比皆是。如果有幸找到一份工作，一定要好好珍惜。想要让企业长时间地留用你，就必须“投其所好”，成为企业需要的人才，成为一个合格的员工。那么，如何才能成为一名合格的员工呢？问一下自己：我是一名合格员工吗？

自古以来，忠诚都是一个值得研究的命题。忠诚有着强烈的现实意义，不仅社会需要秩序，人们也必须忠诚于这个秩序，才能获得社会的稳定发展。这不仅是人类世界的法则，也是自然界的规则，更是职场生存的法则。

在蜜蜂王国中，所有的工蜂都必须忠诚于自己的蜂王。它们必须不辞辛劳地供养着蜂王，忠诚于蜂王。因为只有这样，才能让整个蜜蜂世界处于和谐状态，才能让它们的小团体保持一定的战斗力，才可以面对和抵御外界的一切突发事件。

同样的道理，职场中，一个团体必须有严格的秩序，才能确保行动的一致性和协调性。

对于团体核心的忠诚，是整个团队实现目标的关键，只有依赖于忠诚，才能形成巨大的合力，才会无坚不摧、战无不胜。作为公司的一分子，只有忠诚于公司，才能得到自己想要的。因为只有公司获得了发展，员工才能得到更多的回报；而且，员工个人的价值，也是通过工作的成果来证明和实现的。

员工的忠诚受益者并不仅仅是企业，最大的受益者其实是我们自己，因为，一旦养成对事业忠诚的习惯，你就会成为一个值得别人信赖的人，会为你的职场之路带来无限的好处。

其实，不管任何一家企业在选择人才的时候，都有这样一条择才标准——可以有点小毛病，可以做事不圆滑，但不能不忠诚！

我们科略教育集团是在2008年8月成立的。在成立至今的四年中，有这样一位忠诚而又勤奋的员工，这个人就是飞虎队经理——熊建。

在没有加入科略公司之前，熊建曾经是一名普普通通而又年轻的水电装修工人。加入科略这个平台之后，他不断地努力，勤恳地工作，默默无闻地付出，成了我们教育培训行业的一名优秀的培训经理。

在熊建担任团队经理的一年时间里，他把科略的一个小的团队发展成了科略目前最庞大的团队。工作中，熊建每天都是积极的、主动的、快乐的、阳光的；他为人真诚，做事稳重，值得我们每一个人去学习。

不可否认，绝大多数的企业都非常看重员工的忠诚。企业的领导对于

员工的忠诚度要求是很高的，许多公司的人力资源部经理在进行人员招聘的时候，一定要让你填写简历，目的是想通过简历看到你的工作变化情况。如果一个人跳槽频率比较高，人力资源经理肯定是不予考虑的，理由就是——你不稳定。由此可见，员工的忠诚度是非常重要的。

有这样一个故事：

一家大型企业的老板，花费高薪聘请了一位所谓的高手。高手到达公司之后，开始的时候还任劳任怨，可是，没过多长时间狐狸尾巴便露出来了。

有一次，老板请公司高层吃饭，席间，有人问这位高手："如果有钱了，你准备做什么？"这位高手煞有介事地说："如果我有钱，自己就开一家大公司。当老板才是我的终极梦想！"

结果，这位所谓的高手做了不到半年，就被老板请出去了。

仅仅过了半年，这位高手就被辞退了，为什么呢？其实，原因很简单！老板之所以要重金聘请你，就是因为他认为你能够为他带来更多的利益，同时还要有一定的忠诚度。结果，这位高手犯了一个非常低级的错误——说出了自己的野心。

当然，在职场中，有野心是一件好事，它可以激励着我们不断努力。可是，即使你的理想再高、野心再大，都不能当着老板的面堂而皇之地说出来。因为，很多时候，对于老板来说，有野心的人一般都是不稳定的，都是没有忠诚可言的，都是不合格的！

在就业竞争异常激烈的今天，员工的忠诚已经成了公司获利的关键。事实证明，只有忠诚的员工才会做出漂亮的业绩单；只有忠诚的员工才会有完整的快乐。

有些人费了九牛二虎之力，好不容易找到一份工作，可是没有多久又失去了，重新成为失业者。究其原因大都是没有成为合格的员工。那么，怎样才能做一个合格的员工呢？

1. 端正自己的工作态度

工作的时候，要认真、负责，有事业心和责任感，这是成为一名合格员工的首要条件。对于自己的本职工作一定要力求完美，尽职尽责，不能马马虎虎，随随便便应付了事。

2. 不断提高进取精神

老板一般都喜欢、欣赏那种不断学习、上进的人，而不会欣赏没有追求的人。如果一个人没有上进心，不思进取，在竞争中就会处于劣势，最终只能接受被淘汰的命运。

3. 积极参加有益活动

在做好本职工作的基础上，要积极参加单位的其他活动，比如公益劳动、文艺活动、志愿服务、为贫困地区捐款等。

4. 踏踏实实做人

合格的员工做事情的时候，一般都比较踏实，是非常受领导欢迎的。实践证明，有这样几种人不受用人单位欢迎：傲慢的人、缺乏自信的人、感情用事的人、教条的人、虚伪的人。

5. 树立团队精神

合格的员工一般都能正确处理自己与其他员工的关系。在工作上，不会因为自己的利益得失而同其他同事斤斤计较；不会随便议论别人；与同事友好相处，不搞小团体。

6. 正确处理与上司的关系

处理同上司的关系很微妙，跟他们相处的时候要做到不卑不亢。对上司不能一味逢迎，要勇于坚持自己的见解；当自己的利益明显受到伤害时，要敢于说“不”。

你是否天天想着跳槽

职场中，或许是为了高薪，或许是为了职位，或许是为了心中的理想……有些人整天都在想着跳槽，似乎不跳槽自己就会被憋死！可是，如果你是一个忠诚的员工，绝不会这样做！要想成就自己的理想，首先就要想想：自己是否每天都在想着跳槽？

目前，到各大公司应聘时，很多“跳跳族”（过于频繁跳槽的人）都会有这样的体会：企业一般都不喜欢使用有经验的人，而用那些刚毕业的、没有经验的；不用资历高的，而用学历低的；不用技术优异的，而用那些技术“白痴”的……

其实，事实并非如此，他们之所以这样认为，只因为他们是过于频繁跳槽的“跳跳族”。这里有几只职场“跳蚤”。

案例一：

几天前，在一家人力资源市场做招聘的时候，韩雪见到了前来找工作的同学张晓。张晓说：“去年毕业之前，我在一家企业当文员，你知道的。毕业之后，我便辞职了。然后，应聘到一家家电公司做销售，可是没待一个月，就和领导发生了小冲突，最后愤然辞职了。后来，我又到一家广告公司从事文案，因为单位不给我上保险，我又跳槽了。今年3月份，我所在的企业进行了部门工作调整，我对新的工作岗位不满意，于是再次辞职。”

韩雪说：“你怎么能这样呢？跳来跳去的，对你一点好处都没有。虽然就业形势严峻，可是也不能抱着先就业再择业的心理找工作吧……”

案例二：

刘军在春节前夕跳槽了，工作了15年的他，已经换过8家企业。其实，刘军也不想频繁跳槽，可是有的公司待遇较低，有的公司人际关系复杂，有的公司不重视自己……刘军相信“人挪活，树挪死”的理念，可是连续换了几份工作，薪资却没有上升多少。

案例三：

孙婷婷本来是在一家彩票站当销售员，每个月能拿2000元的工资。可是因为工作时间太长，工作环境不好，最后她索性就辞职了。最近，她找了一家药店当收银员。虽然工资只有1300元，可是工作时间相对短一些，孙婷婷还是挺满意的。

案例四：

研究生毕业之后，周鹏被一家公司高薪聘为高管人员。刚刚上岗的时候，他到门店熟悉了情况，感觉还不错，认为自己找到了理想的公司。可是没想到，正式到岗一个月后，他便炒了老板。同学问他是什么原因，他说：“公司的环境太差，说话要轻声细语，打电话更要压低嗓音，生怕打扰别人。只要走进办公室，就有一种莫名其妙的精神压抑感。这种环境，给我再高的收入也不能再待下去了。”

案例五：

郭明大学刚毕业，应聘到一家公司当助理。这份工作让其他同学充满了妒忌，因为不仅公司品牌好，而且工作也不累。可是，郭明却不以为然地说：“我不会在那里待长久的。我们老板的面孔总是冷冰冰的，见到人不是问：‘怎么，又没事做了’就是问：‘最近你都在干些什么’，好像时时在监督你，对你怀有不信任感。同事之间沉默寡言，个个都是高深莫

测，无法交流，令人窒息。”

在职场中，这样频繁跳槽的人有很多，社会上还给他们起了个名字叫“跳蚤”。其实，人们之所以选择跳槽，不外乎有两个原因。

一类人对自我缺乏准确认识，给自己设定的目标过高。从职业发展来看，这种跳槽会让职业积累出现断层。由于缺乏连续性，一味地跳来跳去，除了跳槽经验，什么职业资本都不会获得，最后连跳的实力都没了。另一类人过分追求眼前的利益，往往是为了晋升、薪资等蝇头小利而辞职。

频繁跳槽会让我们很难深入了解一份工作的实质，更有碍于积累长期、稳定的客户资源。对于频繁跳槽的“跳蚤”，用人单位一般都不感兴趣。由于对企业不够忠诚，老板一般都不会将重要的工作交给这类人。

不可否认，通过跳槽来达到自己的诉求，使自己的职业发展呈螺旋式上升，是一种科学合理的方式。可是，关键要善于分析自我，制订合理的职业规划，不能盲目而行。

今天，诚信几乎是所有用人单位对员工的第一要求。当今职场，各大企业招聘时，已经不知不觉地把“忠诚”作为考量新进员工的第一要则，很多企业都不约而同地把那些频繁跳槽的人拒之门外。不管是什么原因导致的频繁离职，工资待遇低也好，专业不对口也罢，抑或是“庙太小”……都不足以成为你频繁跳槽的理由。

资料显示，各大企业领导人最讨厌、最不愿雇用的不是学历低、经验空白的人，而是那些频繁跳槽的人。因为他们认为，“跳跳族”相对于企业来说，具有太多不安定、不安全的因素，跳槽次数越多的人危险性越高，不会予以录用。相比之下，宁愿雇用那些技能较低、对企业忠诚的人。

由此可见，频繁跳槽不会害了别人，最大的受害者其实是跳槽者自己。因此，为了避免这些“信用污点”，在跳槽之前就要先冷静思考一番，想一想自己是否必须非走不可？

工作中你常常抱怨吗

职场上，抱怨是一种可怕的传染病。抱怨，不仅会让人变得消极、不思进取，还会让人陷入可悲的恶性循环：越是觉得自己“不幸”，越是觉得环境“不公平”，越会觉得自己的能力不够，更多的“麻烦”就会找上门来。工作中，你经常会抱怨吗？

职场中，每一步都得小心经营，谨慎前行。尤其是当你委屈、气愤、郁闷时，千万不能到处倒苦水，更不能随便向别人抱怨。忠诚的员工，一般都不会抱怨连连。

听说这次提拔又遇到阻碍，马涛顿时感到心灰意懒。从大学毕业到现在，他已经在这里工作了七八个年头了，工作没少干，成绩没少出，但就是职务不见长。为此，马涛曾经也有过另谋高就的想法，可是周处长给他做过几次工作，他只好撑到了今天。

这次，局里打算提拔一名业务科副科长，马涛觉得该轮到自己了。周处长多次拍胸脯打保票，说：“一定会尽全力做工作，确保你如愿。”这样，马涛更加觉得是水到渠成的事了。

可是没有想到，最近几天外面纷纷传闻，说马涛这次提拔又悬了。至于怎么个悬法，为什么会悬，马涛真的无法知道。他所知道的，只是自己的焦急不安。当他听到这样的传闻后，就迫不及待地找到周处长，想让他帮忙打听打听，这事到底怎么样了？为什么一直十分乐观的形势，会突然急转直下？

马涛怀着忐忑的心，吞吞吐吐地道出了心中的忧虑。他对周处长说：“其实，我并不是真的就在乎当什么干部，主要是面子上实在过不去了。

和我一起进局的人，该提的都提了。好几年里，几次都说要提拔我，可到头来都是一场空，让人觉得好像我很差劲似的。如果这次还是不行，那我就真的没脸在局里待下去了。”

其实，周处长也感到很奇怪。此前，为了马涛的事，他专门找了分管的副局长、管干部的书记，表达了自己力挺马涛的意图。当时，这几位领导虽然没有把话说死，但也基本算是肯定了。他真的想不通，为什么这些人会突然改变主意。

人事部部长告诉他：“郭局长在会上说，马涛不成熟，心态不太好，还需要历练历练。”周处长不明白，上次和郭局长汇报的时候，郭局长还夸了马涛几句呢，怎么现在却说他不成熟，心态不好呢？

周处长担心马涛没有把人情做到，盯着他问：“上次我让你找一下郭局长，你找了吗？”

马涛回应说：“我找了。在他办公室找的，和他谈了有二十来分钟呢！”

周处长急切地问：“谈得怎么样？郭局长怎么说的？”

马涛似乎有些沮丧地说：“基本上都是我说，郭局长没怎么说话，最后他也没表示什么。”

周处长追问：“那你都说什么了？”

马涛就把那天找郭局长时说过的话，大致复述了一遍。没等他说完，周处长用力地拍了一下靠椅扶手，叫了一声：“唉！我说呢，事情原来坏在你自己身上。”

“啊！”马涛惊讶地涨红了脸，怯怯地望着周处长：“怎么，是我自己坏的……”

原来，马涛按照周处长的嘱咐，借口送一份材料敲开了郭局长办公室的门。郭局长见马涛“越级”来访，心里也知道对方的来意。于是，就随口问了马涛一句：“你来了好些年了，觉得怎么样啊？你们处长很欣赏你的，要好好干啊！”

按照常理，有局长这句话起头，马涛只要顺竿爬两下，说几句话，比如，希望局长多栽培、多关照的话，甚至点明让局长在这次提干中重点考虑一下，也就把人情卖到了。可是没想到的是，马涛却顺着郭局长的话，在他面前大倒苦水——自己这几年工作如何卖力，如何辛苦，不但有苦劳，而且有功劳，就是得不到重用。还说，前几次提拔干部都与他失之交臂，对他的打击很大，甚至有了不想干的念头……

周处长生气极了，数落着马涛：“你怎么能和领导说这些？这些牢骚，最多和我发发，哪能跑到局长面前说？你这样说，不明摆着说你受到不公的待遇吗？不明摆着说提拔你当副科长是应当应分的吗？你以为你是谁啊？工作上努力的人多了，都应该提拔？怪不得郭局长说你心态不好，原来是因为这个。”

马涛到底有没有错？不可否认，马涛的错误就在于他没有摆正自己的位置，不该在领导面前抱怨。上司提拔下属，不见得都想得到什么回报，但起码也希望被提拔的人对自己心存感激；即使不对自己心存感激，也应该对团队心存感激。可是，马涛的抱怨让事情的性质发生了变化。

马涛的话语表明，即使这次提拔了他，也是理所当然的，是他早应该得到的。也就是说，他不会因为这次提拔对团队、局长有任何的感激之情。这在职场可是犯了大忌的。哪个领导会提拔一个认为自己早就应该被提拔的人呢？哪个领导会提拔一个对自己被提拔毫不感激的人呢？当然不会。所以，马涛还是失去了这次机会。

无独有偶。

7 年前，品学兼优的吴丽丽大学毕业后进了一家国企。虽然是国企，可是效益并不好，始终徘徊在倒闭的边缘。她每天忧心忡忡地抱怨：“为什么我这样的‘天之骄子’一毕业就要面临下岗的危险？”

后来，吴丽丽跳槽到一家刚成立的民营企业，又有了新的牢骚：“工

资怎么这么低？”

再后来，她再次跳槽，成了风光无限的外企高管，但依然怨气冲天：“待遇是不错，可压力也大呀！那么多人盯着我的位子，我一刻也不能放松，连结婚生孩子的时间都没有！”

现代职场中，经常可以感受到有些人工作心态上的“个性”，他们处处不满意，事事都抱怨。有人嫌管理太苛刻，有人嫌政策太死板，有人嫌薪水太低，有人嫌领导对自己重视不够，有人嫌公司环境不好，有人嫌发展空间不大……

这些理由听起来似乎也会赚不少同情心。可是，接下来，他们就会时不时地偷点懒、耍点滑，甚至身在曹营心在汉，一山望着一山高；有些人更是趁机浑水摸鱼，唯恐公司不垮、天下不乱，对公司产生了很大的负面影响。

其实到最后，虽然单位会遭受一定的损失，可是根本上，这些人又何曾不是错失了大好的光阴年华与不错的发展机会，这是一件于公于私都没有好处的事情。

数据表明，随着竞争压力的增大，“牢骚族”的数目也变得异常庞大。调查显示，90%的职场人每天都会发出抱怨。其中，65.7%的人每天抱怨1~5次，13.8%的人每天抱怨6~10次，4.8%的人每天抱怨20次以上，只有11.2%的人表示自己“从来不抱怨”。

日常工作中，充斥着很多的矛盾，需要职场人凭借自己的能力和努力去解决、协调。在这个过程中，一旦无法做到内心的平衡，抱怨就会随口而出。当这种矛盾积累到无法疏解的时候，职场人就会变成“祥林嫂”。

牢骚最大的用途是发泄不满，并不能真正改变现状。很多牢骚者数年如一日地抱怨，却还是忍受着低薪水和毫无升职机会的岗位，最终只能成为人人避之唯恐不及的“万人嫌”。牢骚者之所以不被人喜欢，是因为会令听者陷入情绪的焦躁，会让周围的人失去行动力。

无论你抱怨什么，你都在传递一种负面情绪。在职场中，职业化非常重要，积极正面的情绪及行为举止是职场人需要具备的基本素质，也是职场人职业发展的助推剂。在工作中，要让自己散发出积极正面的能量，化抱怨为抱负，而不应只是一味地消极应对。

事实证明，积极有效的沟通方式永远比发牢骚要高明得多。如果出现了问题，最好找到其中的原因，以平和的态度把问题反映出来，请他人帮忙协助解决——这才是解决问题的最好办法。

你是否会为私利损害公司利益

维护公司利益是每一个员工心中的弦。在公司，你可能没有位居高职，可是，只要是公司的一员，公司的利益就同你个人的利益直接相联系，千万不能做出损害公司利益的事情。如果想看看自己对公司是否忠诚，就要想想：你是否会为了个人利益而损害公司利益？

不可否认，任何一个员工都希望可以挣到更多的钱。可是，有些员工却利用职务之便，做了很多有损企业利益的不义行为。一旦“东窗事发”，他们就会被企业拒之门外，丢掉原本不错的工作，成为孤独之人。

忠诚的员工，一般都能勤奋而踏实地工作，不会为了私欲邪念而动摇。如果被利欲蒙蔽，使用一些非道德的行为来满足自己的一己私欲，最终会失去所有。有这样一则童话故事：

兔子迪兹长大了，打算离开家自己出去独立生活。离开家之前，兔妈妈反复叮嘱他说：“不论遇到什么情况，都不要吃窝边的草。”

很快，迪兹就在山坡上为自己建造了一个家。为了安全，他一共为自己的家造了三个洞口。迪兹牢记母亲的叮咛，总是到离洞口很远的地方去吃草。秋天过去了，一切安然无恙。

冬天很快就来到了。这一天，冷冷的西北风刮来，迪兹走出洞口时不禁打了个冷战，他实在不想顶着大风到很远的地方觅食。他安慰自己说："我只吃一点，明天天气好了，我就出去觅食。"结果，迪兹把肚子吃得滚圆。

过了几天，下起了大雪，迪兹又在家门口填饱了肚子。不过这一回，他换了一个洞口。迪兹想，我有三个洞口，每个洞口都有很多草。我不过是在天气不好的时候，在每个洞口吃一点点草而已。于是，在每一个恶劣的天气，迪兹都会找到一个解决吃饭问题的捷径。

一天，睡梦中的迪兹突然感到一阵异样。他睁开眼睛，发现一只狼正堵在自己家门口，正试图把洞口挖开。迪兹连忙跑向其他的洞口，却惊讶地发现，另两个洞口已经被岩石牢牢地堵住了！

看着到口的美食，狼得意地说："从你第一次吃窝边草，我就知道这里有只兔子。可是我知道狡兔三窟，不知道另两个洞口的位置，不好下手。"直到这时候，迪兹才领悟到母亲的教诲是多么正确！

兔子迪兹的结局确实让人感到遗憾，可是却不能博得我们的同情。在企业里面，员工做好自己的本职工作是理所当然的事，可是违背企业的经营方式，擅自按照自己的主观意向行事，不仅仅让公司的利益受损，也会对员工自身利益造成极大的冲击。

没有一家企业甘愿冒这样的风险而重用这样的员工。所以，优秀的员工必须时刻牢记：企业的利益永远是第一位的，在工作中绝对不能有任何得过且过的行为。

马露大学毕业后在当地一家公司找到了一份文职工作，这份工作虽然比较清闲，但薪水却不是很高，因此她一直都想找个兼职来做。后来，经过朋友介绍，马露终于找到了一份文字录入的工作。

可是，自从做了兼职之后，马露的时间开始变得有些不够用了。每天上班的时候，她除了要完成本职的工作外，还要忙着做兼职的工作，这严重地影响到了她的工作状态。同事发现她忙得焦头烂额，便劝她不要再做兼职了。可是，一想到自己能够拿到两份报酬，马露还是硬着头皮继续干了下去。

做了几个月的兼职工作后，马露的这种做法终于被公司领导发现了，公司打算和她解除合同。可是，马露却认为公司开除她是不合理的。但公司方面却不这么看，公司录用员工是希望员工做好公司的工作，而不是让员工利用工作时间做个人的事情。他们把马露这种行为视为是对公司的背叛，最后还是开除了她。

任何一个老板都不希望看到自己的员工在工作时间偷偷干私事，即使你已经完成了本职工作，这种做法也是不会被允许的。一个人专心从事一项工作与同时干两件事所达到的结果是截然不同的，选择兼职就意味着减少了投入在本职工作上的时间和精力，虽然表面看起来好像没有什么影响，但实际上这种影响是切实存在的。“一个萝卜一个坑”是自然生长的规律。如果你偏要在一个坑里种上两个萝卜，那么也就只能结出畸形的萝卜了。

这个故事，对企业员工应该大有裨益。它告诫我们，维护公司利益是最基本的职业道德，这不仅是你自身的责任，更能体现一个员工的品德是否高尚。只要你是公司的一员，公司的利益就同你的利益直接相联系，千万不能做出损害公司利益的事情。

企业的利益并不限于企业内部的直接经济利益，任何有损企业形象或者企业产品质量的行为也会让企业的利益受损。在工作上兢兢业业，杜绝不合格的产品流入市场，积极地维护客户的利益，实际上就是维护企业自身的利益。

※ 忠诚有着强烈的现实意义，不仅社会需要秩序，人们也必须忠诚于这个秩序，社会才能稳定发展。这不仅是人类世界的法则，也是自然界的规则，更是职场生存的法则。

※ 不可否认，通过跳槽来达到自己的诉求，使自己的职业发展呈螺旋式上升，是一种科学合理的方式。可是，关键要善于分析自我，制订合理的职业规划，不能盲目而行。

※ 牢骚者之所以不被人喜欢，是因为会令听者陷入情绪的焦躁，会让周围的人失去行动力。无论你在抱怨什么，你都在传递一种负面情绪。

※ 没有一家企业甘愿冒这样的风险而重用这样的员工。所以，优秀的员工必须时刻牢记：企业的利益永远是第一位的，在工作中绝对不能有任何得过且过的行为。

第2章 忠诚，优秀员工的基本准则

综观那些成就了一番事业的人，没有一个不是具有高度忠诚精神者。而那些命运多舛、事业败落者，或多或少都与忠诚精神的错乱和不够坚定有关。

忠诚不仅是员工的责任，也是做人的基本原则

忠诚折射出的是一个人的品质与人格，是否是以一颗真诚与纯良的心去看待这个世界。工作中，为人下属、为人上司、为人同事，需要忠诚；生活中，为人父母、为人子女、为人朋友，也需要忠诚……忠诚不仅是员工的责任，也是做人的基本原则。

忠诚是做人的根本，也是做人的资本，拥有忠诚的品质才会得到上司的认可，拥有忠诚的品质才能学会做人。在我们身边，有的人见利忘义，有的人尔虞我诈……可是结果呢？因小失大，失去了别人的信任和做人的美德。忠诚也是做人的基本原则，做人要忠诚！

大学毕业后，马兰应聘到一家S饮料有限公司，在这家公司一干就是

十多年。她从一名普通的销售人员做起，最后坐上了销售部经理的位置。由于常年跑业务，马兰手中也掌握了大量的客户资源，这是她一直引以为傲的一笔财富。

后来，马兰嫌这家公司给出的待遇太低，跳槽去了当地另一家饮料公司。刚进入这家公司，因为不太适应工作环境，工作迟迟打不开局面，心急之下，马兰想到了一个好主意——她从S公司出来的时候，偷偷拿出了一份客户名单，这些都是她经常联系的老客户。本来马兰不想使用这份名单，因为她也觉得这么做并不太合适。但是现在工作陷入了僵局，她也顾不了那么多了。

打定主意之后，马兰就开始联系这些老客户，因为她熟悉原来公司的情况，所以特意压低了报价，将原来公司的老客户都挖了过来。工作上出了成绩，马兰也受到了老板的器重，在这家公司又被委以重任。

然而，好景不长，马兰的这种做法很快就被原来的那家公司发现了。对方愤然向法院起诉了马兰，希望能制止这种行为，并要求她对此做出赔偿。

结果，马兰打赢了这场官司，但是她的所作所为却让很多人都感到不齿，当然也包括新公司的老板。新老板难以容忍自己的公司中有这样的员工，同时也担心马兰跳到别的公司后挖自己公司的客户，不久之后，老板就找了个借口将马兰解雇了。

下岗之后，马兰陆续面试了多家公司，但没有一家公司愿意录用她，因为他们都知道马兰的“辉煌往事”。最后，无奈之下马兰只好转行。

离开公司后，又反过来挖原公司的客户，这种员工的行为让人感到不齿。这类员工不仅不念原公司的培育之情，还抢夺原公司的客户，损害原公司的利益。这种把利益放在第一位的员工，走到哪里都是不会被人喜爱的。因为，很多老板都知道，今天他挖原公司的墙脚，明天就可能会挖现在公司的墙脚。

忠诚在做人的问题上是有灵魂性、有生命力的。事实表明，只有为人忠诚的人，才容易与人亲近，能够与人互相支持、相爱；才能独自工作，与他人平等工作；才能感受到真正的安全感，获得他人的信任。

小芬长得很普通，学历也不太高，在一家房地产公司做电脑打字员。她的打字室与老板的办公室之间隔着一块大玻璃，小芬只要愿意就可以将老板的举止看得清清楚楚，但她很少向那边多看一眼。

小芬每天都有打不完的材料，她知道工作认真刻苦是她唯一可以和别人一争短长的资本。小芬处处为公司打算，打印纸都不舍得浪费一张；如果不是要紧的文件，她都把一张打印纸两面都用。

一年后，公司资金运作出现了困难，员工工资开始告急，人们纷纷跳槽，最后总经理办公室的工作人员就剩下她一个。由于工作的人少了，小芬的工作量陡然加重，除了打字，还要做些接听电话、为老板整理文件等杂活儿。

有一天，小芬走进了老板的办公室。直截了当地问老板："您认为您的公司已经垮了吗?"老板很惊讶，说："没有!"

"既然没有，您就不应该这样消沉。现在的情况确实不好，可许多公司都面临着同样的问题，并非只是我们一家。而且，虽然您的2000万元砸在了工程上，成了一笔死钱，可公司并没有全死呀！我们不是还有一个公寓项目吗？只要好好做，这个项目就可以成为公司重振旗鼓的开始。"说完，小芬拿出了那个项目的策划文案。

几天之后，小芬被派去搞那个项目。两个月后，那片位置不算好的公寓全部先期售出，小芬拿到了3800万元的支票，公司终于有了起色。接下来小芬成了公司的副总，帮着老板做成了好几个大项目。

四年之后，公司改成股份制，老板当了董事长，小芬则成了新公司的第一任总经理。

忠诚是一种永远的品质，应该作为一条用人的不变真理。忠诚是一条

标准线，有了这个标准，其他的问题都会迎刃而解。

忠诚的人，你对上司有信心，对企业有信心，会发挥自己的工作积极性，工作也会出成绩。如果企业里面每个员工都尽心尽力，何愁不发展？因此，我们要树立良好的工作心态，用感恩的心态来对待工作和生活；不管做任何事情，都不要急功近利，要多多磨炼自己的意志，扎实地打好基本功。

不忠诚的员工，很难获得自身成功

一个丧失忠诚的人，不仅会丧失机会、丧失做人的尊严，还会丧失立身之本。即使是那些从你身上获得利益的人，也会鄙视你、远离你、抛弃你。对公司不忠诚，不会赢得老板的认可，只能在沦落中失去自我的价值，如此这样，焉能成功？

职场中，对企业不忠诚的员工到处都有，比如，有的人损公肥私，有的人腐败渎职，有的人结党营私，有的人出卖企业机密，有的人为了个人利益不惜损害公司形象，有些人会故意破坏企业财产……这都是我们看得见的不忠诚，也是常常受谴责和防范的不忠诚行为。

与此同时，还有很多隐性的不忠诚，比如，消极怠工、应付工作、不尽其力、把工作当形式把形式当工作、能干好而不干好、压制排斥下属、拉帮结派……这些行为都是对企业的不忠诚的隐性表现。这些不忠诚的表现是值得每一个职场中人做自我检视和改正的，事实证明，不忠诚的员工是很难获得自身的成功的。

胡晓林是河北一家电子科技公司中的员工，由于业务能力较强，他一向都深得老板的喜爱，是公司中不可或缺的人才。后来，老板让胡晓林负责公司的采购工作。众所周知，采购是一家公司中最有油水的职位，也最能检验出一个人的品质。先前这家公司的采购员因为吃回扣已经被开除了，现在老板将胡晓林调来，无疑对他是极其信任的。

刚负责采购工作的时候，胡晓林还能恪守原则，对回扣一概不收。但是工作时间长了，每天对着金钱的诱惑，他也有些把持不住了。有一次，公司要订购一批办公用品。一家公司的业务员找到了胡晓林，偷偷塞给了他2万元，希望他能选中他们的产品。

胡晓林经过一番激烈的思想斗争，最后还是收了这笔款，这也是他收的第一笔回扣。然而，令胡晓林没有想到的是，他第一次吃回扣就惹出了麻烦。这家公司提供的办公用品质量极差，很多员工都是怨声载道。

老板得知此事后，特意派人进行了调查，最终查出胡晓林收受回扣的事。虽然老板念在胡晓林工作一直勤恳的份上没有将他开除，但从此之后也就不再重用他了。

金钱的诱惑的确很大，尤其对于那些新进入职场的年轻人来说，金钱似乎有着不可抗拒的诱惑力。然而，你应该清楚，虽然金钱很吸引人，但是其背后往往是一条不归路。一旦员工在工作中拿了别人的钱，收了其他公司的回扣，就意味着背叛了自己的人格，也无法再控制住自己的前途。

一个人无论什么原因，只要失去了忠诚，就失去了人们对你最根本的信任。当自己通过不正当的手段获得一点利益的时候，不要沾沾自喜。其实，仔细想一想，可能失去的远比获得的多，而且你所获得的东西很可能最终还不属于你。

初入职场，有些事情不会做是很正常的，没有人生来就事事都会做。很多时候，上司、同事都能够理解这一点的，即使偶尔会嘲笑你，那也是善意的嘲笑。

可是，如果一个人对公司表现得不忠诚，即使只是一点点不忠诚，都可能被领导和上司认为：“此人不可救药！”因为，人们容易容忍能力不足，却不能容忍品德方面有瑕疵；如果员工的能力差点，他们会说“孺子

可教”；如果遇到品德差点的员工，他们一般是不会伸出援手的，直接“一棒子打死”。

在一家集团公司里有一位计算机博士，其专业能力在国内属于顶尖的。老板非常器重人才，让他做了副总裁。可是，这个人却在公司信息化建设过程中吃回扣。老板发现后，果断辞退了他。

很快一名叫李海的大专生继任了这个职位。虽然李海是一个大专生，但对公司却非常忠诚，博士吃回扣的事情就是他发现的。老板针对这个案例，在大会上说：“忠诚可以弥补能力的不足，能力却无法弥补忠诚的不足。我宁肯用一个忠诚的大专生，也不用一个不忠诚的博士生。”

这位老板的话，基本上表达了所有老板的用人观念。一般的用人标准都是“德才兼备，以德为先”。才华横溢的野马型人才，常常是推动公司进步的原动力，没有野马型的人才，就没有企业的业绩和进步。但是，忠诚的人才，却往往也是维系企业日常的程序性工作的保障和基石，没有忠诚的人才，所有的业绩到头来都将无法维系。

在同样重要的人品和能力之间，能力可以用文凭、绩效来证明，人品用什么来证明呢？也许最好的办法就是忠诚。

及时培养能力固然是重要的，但更重要的是展示你的优秀品质，比如，谦逊、勤奋、敬业、忠诚等，尤其是忠诚。如果你能用自己的好品质去打动身边每一个人，就会让他们喜欢上你；如果你能用自己的忠诚与勤奋去打动你的上司，他就会认为你是一个可以重点培养的人。即使是在平时的细节中，也要多加注意，因为细节决定成败。

优秀员工最基本的准则就是忠诚

忠诚是鲜红的旗帜，能引领我们去夺取每一场战役的胜利；忠诚是挺立的灯塔，能够在黑暗中照亮我们前进的方向；忠诚是满天的星辰，永远闪耀在我们心灵的夜空。忠诚的员工是好员工，优秀员工最基本的准则就是要忠诚！

很久以前，听说过这样一个故事：

一天深夜，一位王子从外地办完事回到王宫，看到一个仆人正靠在门框上睡觉。王子有点不满意了，可是，这时候他却惊奇地发现，在仆人的怀里竟然还紧紧地抱着王子的拖鞋。

王子走上前去，想把那双拖鞋拽出来，可是，这时候，仆人被惊醒了。仆人看到自己的主人回来了，连忙弯下腰给王子换拖鞋。

这件事给王子留下了深刻的印象，他即刻便认定：对小事都这样认真的人一定很忠诚，可以委以重任。于是，他便给那个仆人升了职，让他做了自己的贴身侍卫。

结果证明，王子的判断是正确的。后来，靠着自己的忠诚，那个年轻人很快就任职事务处，最后还当上了王国的军队司令。

不可否认，这名仆人之所以能够取得最后的成功，离不开忠诚这样的一条品质。对职业的忠诚度一旦形成，就会让你成为一个值得别人信赖的人，可以被委以重任的人。

今天，人才的竞争已经不是以前那种单纯的技能竞争了，包括世界500强在内的许多优秀企业在招聘员工时，都会把忠诚放在第一位。如果你的忠诚度不够，即使拥有再高的学历，也是不能被录用的，因为任何一家企业都不喜欢对自己不忠的人。

美国钢铁大王安德鲁·卡内基就是一个忠诚的典型案例：

卡内基刚到公司的时候，只是一名普通的工人，可是他勤于学习和工作。每天，虽然要进行12个小时的辛苦劳作，可是，为了弥补自己知识的不足，他还利用空余时间学习各种技术。当别人都在喝咖啡和闲聊的时候，他却在一旁看技术书。

有一次，老板看到了，对他说："学这些东西，有什么用?"可是，卡内基却回答说："我觉得，咱们公司更需要这些知识，更需要掌握这些知识的人。"就这样，卡内基坚持了下来。老板深受感动，便让他做了部门的经理。

卡内基的威望在同行中逐渐提高，这时候，有家公司来挖他，说客对他说："你的工作能力强、成绩高，可是公司给你的薪水太少了。如果去了我们公司，我们一定会给你更加多的薪水。"

卡内基听后，回答说："正因为我为我们公司付出得多，索取得少，才更能体现出我在公司的价值。"说客只好灰溜溜地折回去了。

后来，经过自己的努力，卡内基不仅做了钢铁公司的总裁、董事长，还把卡内基钢铁公司发展成为世界最大的钢铁公司，成了世界著名的企业家。

忠诚，是一种职业的责任感，一种对职业的忠诚，是从事某一职业所表现出来的敬业精神。如果你对公司忠诚，即使是你的竞争对手，也会对你多一些敬佩。今天，和那些整天忙着在网络上、报纸上搜索高薪职位时刻准备跳槽的人比起来，卡内基确实有他成功的理由。

忠诚，是一个人成功的前提，是一种境界，更是一种行动。不管处于什么岗位，都需要忠诚。这个世界，并不缺乏有能力的人，那种既有能力又忠诚的人才是每一个企业渴求的最理想的人才。

事实证明，只有忠诚于老板、忠诚于企业的员工，才能将自己的能力发挥到极致，才能让自己成为优秀员工，才能获得最后的成功。

其实，对老板的忠诚，就是对公司忠诚，也是对自己忠诚。一个没有忠诚感的员工，不但不会得到老板的信任与重用，在社会上也很难找到自己的立足之地。那么，忠诚应该怎样做起呢?

1. 转变认识定位，树立主人公意识

公司是一艘大船，员工都是船里的船员，个人想要获得发展，必须与公司保持一致，提高自己的主人翁意识。把自己摆在与单位的对立面，是办不做工作的。要想成为优秀员工，就要做一个做事业的人，而不仅仅去做一个做工作的人。

2. 主动工作，不断提高自己

工作之余，闲着的时候，我们可以多去思考一下有哪些事完全可以办得更好；某项业务怎样去做可以节省一点开支；工作中隐藏的风险和困难还有哪些……社会呼唤复合式的人才。为了满足岗位的需要和社会的变迁，作为员工，就应该积极主动地去完善自己的知识结构，不断提高自己。

3. 不要给自己寻找任何借口

在美国西点军校，士兵对长官布置任务后的回答不能说“不”，只能回答“是，长官。”或者回答“是，没有任何借口。”它体现的是一种坚强的执行能力。在工作中，领导安排的任务就要坚决执行；如果工作比较复杂，就要发挥团队的力量协作完成。

※ 为人忠诚的人，容易与人亲近，能够与他人互相支持，能够独自工作，也能与他人平等工作；忠诚的人，有充分的合作精神，能够感受到真正的安全感；他们信任自己，也值得他人信任。

※ 一般来说，对于他人的能力不足，人们往往都能容忍；可是对于品德方面的瑕疵，却很少有人会谅解；如果员工的能力差点，管理者会说“孺子可教”；如果遇到品德差点的员工，上司往往是不会伸出援手的，直接“一棒子打死”。

※ 只有忠诚于老板、忠诚于企业的员工，才能将自己的能力发挥到极致，才能让自己成为优秀员工，才能获得最后的成功。

第3章　忠于公司，为梦想打拼

对公司的忠诚就是对职业的忠诚，对职业的忠诚也就是对自己事业的忠诚。要想实现自己的梦想，首先就要忠诚于公司。失去了这一点，梦想的实现也就成了一句空话。

你在为谁工作，仅仅是为老板而工作吗

有人曾经这样说过：“人生来就是为了工作，工作占据了我们生命中的大部分时间。工作是人生运转自如的转轴，影响着人的一生。”可见，工作在我们的人生中占据着重要的位置。工作室是人生中非常重要的一件事情。可是，我们到底在为谁工作呢？

职场中，遇到问题的时候，很多人都会说：“管他呢？反正都是为公司在工作！”那么，我们究竟在为谁工作呢？对于这个问题，很多人都会说：“这还用问？当然是为公司，为老板了。”工作是为了公司的效益和老板的利益，但也不全是。

其实，工作最大的受益人是你自己。要知道，地球离了谁都会照样

转，如果你不在这个岗位上，也会有别人来代替你。可是，工作却能满足你所有的满足感，比如，经济的满足、成绩感的满足等。在工作中，收获最大的是自己！通过工作，你得到了报酬，提高了能力；是工作让你的人生更充实了，你的生活更幸福了。

一次聊天中，小李对朋友说："取得博士学位的时候，我与能力相当的一位同学一起应聘到现在的这家跨国公司。开始的时候，我的薪水是10000元，但同学的薪水却比我多5000元。这确实不公平。工作的时候，我总是漫不经心的，经常会出现一些小错误，工作效率低，要不然自己就像吃了大亏。"

仔细想想，小李其实是非常愚蠢的。小李只为薪水工作，认为少5000元就要少干5000元的事，这样做不仅会让学习机会与晋升空间远离自己，还会让各种各样的坏习惯频频出现，还会为自己的成长设置出一道道的障碍。

不可否认，工作只是为了公司，这种观念是错误的、不健康的！拥有这种观念的员工很难成为优秀的员工。一个人如果没有正确的观念，没有积极的态度，就会不断地重复犯错误。学习如此，工作更是如此！

研究发现，忠诚的员工一般都会秉承这样的理念：工作不只为公司，更是为自己。为了金钱来工作，只能让自己的工作变得无味；可是为了自己来工作，会让自己的心情变得轻松愉快，而且他人也会更加重视你、仰慕你。通过自己的付出，不仅会带给别人快乐，还会让别人从中获得利益，更会让自己的人生价值得以实现。

在美国，有一个叫汤姆的年轻人，一边工作一边学习。取得博士学位后，汤姆总觉得自己的工作岗位与自己的学历不相符，愤然辞职。

为了找到一份适合自己的工作，每天都奔波在求职的路上。可是，依然无果。最后，为了生计，汤姆只好用大专的学历在一家制造燃油机的企业担任品检员，薪水比普通工人还低。

工作半个月后，汤姆发现公司的生产成本高、产品质量差，于是便对公司老板说："要想快速占领市场，就要推行改革。"

身边的同事对他说："一个月仅拿这么点薪水，为什么还这么卖劲儿?"

汤姆笑着回答："我是为我自己工作，我很快乐。"

老板接受了他的建议，果然公司有了起色。尤为重要的是，通过这几个月的改革，让企业的利润增加了几千万美元。几个月后，汤姆被晋升为副经理，薪水翻了几倍。

汤姆的例子告诉我们，职场中要想要获得成功，就要不在乎周遭人的看法，虚心学习，向更高的职位迈进，为自己来工作。

职场中，很多员工都是抱着"我是在为老板打工"的思想。可是要知道，每个老板都希望自己的员工干得好，再给高薪。有哪位老板希望员工干得少，还给高薪？又有哪位老板喜欢偷懒的员工呢？

当然，有时我们也会听到一些人说出看似挺解气的一句话："此处不留爷，自有留爷处。"可是，生活告诉我们，"此处不留爷，处处不留爷。"如果你是"爷"，那么做事的时候就会我行我素。试问，有哪位老板、哪位经理喜欢给"爷"当手下？

群众的眼睛是雪亮的，老板的眼睛也是雪亮的。即使今天没有注意到的你的表现，明天一定会看见的。忠诚的员工都会这样做：老板在与不在时一个样，甚至老板不在时还要表现得更好；工作不是给别人干的，是给自己做的。

工作守则、规章制度不是遵守给别人看的，敬业、认真、严谨、细致这些口号也不是喊给别人听的。老板不在的时候，没有人监督的时候，我们也要对每一项工作一丝不苟，保证每一件产品的质量始终如一。

自己的人生自己策划，自己的命运自己把握。只要自己认为有意义的工作，就不必介意别人的说法。命运掌握在我们自己手中，握紧命运，做

个勤奋出色的人，才是忠诚的人，才是忠诚的员工；我们的人生才会更辉煌，生命才会更有价值。

为自己的梦想打工

不管你过去取得过多么辉煌骄人的成就，一旦沉醉在其中，总有一天，会为自己的这个草率的决定而付出沉重的代价。因此，不管现在身处什么地位和环境，也不管现在正在从事什么工作，都不要忘了还必须抽时间给自己的梦想打工。

齐瓦勃出生在美国乡村，只接受过很短的学校教育。15岁那年，家中一贫如洗的他到一个山村做了马夫。可是雄心勃勃的齐瓦勃无时无刻不在寻找着发展的机遇。

3年后，齐瓦勃来到钢铁大王卡内基所属的一个建筑工地打工。一踏进建筑工地，齐瓦勃就抱定了要“做同事中最优秀者”的决心。当其他人抱怨工作辛苦、薪水低而怠工的时候，齐瓦勃却默默地积累着工作经验，并自学建筑知识。

一天晚上，同伴们在闲聊，唯独齐瓦勃躲在角落里看书。那天正好公司经理到工地检查工作，经理看了看齐瓦勃手中的书，又翻开他的笔记本，什么也没说就走了。

第二天，公司经理把齐瓦勃叫到办公室，问：“你学那些东西干什么?”齐瓦勃说：“我想我们公司并不缺少打工者，缺少的是既有工作经验又有专业知识的技术人员或管理者，对吗?”经理点了点头。

不久，齐瓦勃就被升任为技师。打工者中，有些人讽刺挖苦齐瓦勃，可是他却回答说：“我不光是为老板打工，更不单纯为了赚钱，我是在为自己的梦想打工，为自己的远大前途打工。我只能在业绩中提升自己。我要使自己工作所产生的价值，远远超过所得的薪水，只有这样我才能得到重用，才能获得机遇！”

抱着这样的信念，齐瓦勃一步步升到了总工程师的职位上。25 岁那年，齐瓦勃又做了这家建筑公司的总经理。后来，齐瓦勃建立了大型的伯利恒钢铁公司，并创下非凡的业绩，真正完成了他从一个打工者到创业者的飞跃。

齐瓦勃的经历告诉我们，只要你始终坚持为自己的梦想打工、为自己的远大前途打工，就能实现从打工者到创业者的惊人飞跃。

一个成功学家说过这样的话：“一个人若没有了自己可以为之奋斗的梦想，也就没有了属于自己的明天；没有了属于自己明天的人，他一生都将成为别人的陪衬或附庸。心灵需要梦想的滋润，就像花朵需要阳光的抚慰才能孕育果实一样；有了梦想的心灵才会有所期待，有所渴望，才会有为了美好的明天去创造去拼搏的激情和力量。”

勤奋也好，激情也罢，其实都源自内心的态度，而这态度则来自于信念。如果唐骏没有“为自己人生打工”的信念，就不会成为“最勤奋的微软人”。如果没有这种信念，盛大不会在唐骏加盟 4 年内由名不见经传的小游戏公司发展成一家国际化、规范化的上市公司。

正是抱着这样的信念和态度，唐骏将自己所服务的公司当成是自己的事业用心经营，不仅在提升了公司的业绩，还成就了自己。

有人说，“我为老板打工”。其实，这句话不完全正确，应该是为自己打工。有人会从一个一线加油工成长为一位高层管理者，而有人也许永远停在原地。变与不变，都源自自己内心的信念和态度。

其实，生活就是一面镜子，容不得半点虚假，你今天给予的正是明天收获的。因此，要向实现自己的理想，唯有为自己的梦想打工！

公司是你成就梦想的舞台

公司是员工实现自己人生目标的舞台，员工是公司得以持续发展的基石。只有公司发展了，员工才会获得进一步成长；同样，员工进步了，公司也会随之实现成长。要想成为忠诚员工，就不要忘了：公司是成就你梦想的舞台！

不可否认，每个人都看过演戏。舞台上，演员要想将自己的艺术才华在观众面前展示出来就必须借助舞台来施展，从而得到观众的认可。其实，企业和员工的关系也像舞台和演员的关系一样，企业为员工搭建了展示人生创造力的大舞台，员工只是上面的表演者！

只有在舞台上扮演好自己的角色，才能得到社会的认可。如果离开企业这个平台，就如演员离开了舞台，即使你能力出众，也无法施展。

在整个美国，沃尔玛是投资回报率最高的公司之一，其投资回报率为46%，即使在1991年不景气的时期也实现了32%的回报。虽然它的历史远没有美国零售业百年老店“西尔斯”那么久远，可是却在短短的三十几年时间里，发展壮大成了全美乃至全世界最大的零售公司。

今天，沃尔玛的经营哲学、管理技能已经成为全世界管理学界的热门话题。在沃尔玛，员工有一个著名的称谓，叫做“合伙人”。一方面，沃尔玛把公司领导称为“公仆”，另一方面又把员工称为“合伙人”，这与许多公司强调管理者的领导地位迥然不同。

为什么会是这样呢？沃尔玛非常看重员工的责任感和忠诚度，为了赢得公司的忠诚，公司便用平等相待的态度来对待员工。一直以来，沃尔玛员工的工资在同行业中都不是最高的，可是员工却非常忠诚于公司。他们以在沃尔玛工作为快乐，把沃尔玛当做是实现自己人生目标的舞台，因为他们是沃尔玛的合伙人。

陈琼从20岁时进入沃尔玛工作，是沃尔玛的一名老员工。开始的时候，哥哥试图说服陈琼辞去工作："在沃尔玛以外的任何公司上班工资都会比这里高!"可是，陈琼却留了下来，并成了公司"利润分享计划"中的一员。到了1991年，陈琼分享到了上百万美元，而她也从一名普通的员工晋升到了经理。

陈琼很庆幸坚持了自己的意见，没有听从哥哥的话；她也很高兴自己对沃尔玛忠心耿耿、尽职尽责。现在，陈琼不仅可以拿所挣的钱供宝贝女儿上学，而且还在沃尔玛公司这个舞台上实现了她的人生目标。

企业是一个舞台。员工在公司做事如同在舞台上演戏，只不过有人是主角，有人是配角，但哪一种都不能少。每位员工都在为自己工作，也在为他人工作。如果演员们都能演好自己应该演好的那部分，整个戏才是完整的，才会有吸引力。

现在很多人，尤其是刚刚走上工作岗位的年轻人都会有这样的想法："如果老板把所赚的利润都给我一个人的话，我肯定比平时更加勤奋、谨慎、专心。"相信，有这种想法的人永远也不会在工作中有所成就，他们只会为自己辩解：

"为什么要忠诚？为什么要负责？又不是我自己的公司!"

"兢兢业业地工作有用么？赚了钱又不会多给我!"

"所谓的忠诚都是骗人的，都是迷惑我们的!"

公司的成长就像个人的成长一样，都不是一帆风顺的。谁都希望自己所在的公司能够不断发展壮大，可是在发展过程当中，公司难免会遭遇困境。公司就像一个舞台，当这个舞台遭遇困境时，你应该作出什么样的选择呢？是选择离开这里，另觅高枝；还是选择留守重任，和公司共渡难关？

如果你选择了前者，公司不会因此而对你品头论足，更不会对你的选

择横加阻挠；如果你选择了后者，困境中的公司也不会为你提供更为优厚的条件，可是公司会因此而感激你、信任你，当公司脱离困境时自然会按一定的比例回报你的付出。

当员工与公司一路风风雨雨走来后，如果公司有了一定的发展，那么这种发展必然会为员工创造更大的成长空间。这时候，公司这个大舞台就会给员工展示出不错的机遇和条件。

企业和员工是一个共生体。对企业来说，要想成长就要靠员工的不断努力。对于员工来说，只有企业发展了，自己才能有更大的发展空间。

很难想象，如果诸葛亮没有遇到刘备，即使他有再高的才华也只是一个农民；如果韩信没有在刘邦的军队中任职大将军，他也只能做个被人耻笑的落魄青年……从这个意义上来说，公司为我们提供了展示自己才华的平台，为自己带来了意想不到的成功。

在公司不断成长的过程中，员工的个人发展空间也会越来越广阔。公司与员工个人的成长是呈互动关系的，忠诚的员工都会全心全意地维护公司利益，把公司当做实现自己人生目标的舞台。公司是一个由员工组成的大家庭，任何一种不为家庭利益着想的行为，都会给这个家庭带来伤害。这种行为无异于自杀。

※ 工作只是为了公司，这种观念是错误的、不健康的！拥有这种观念的员工很难成为优秀的员工。一个人如果没有正确的观念，没有积极的态度，就会不断地犯错误。人生的各个阶段都要持有正确的观念，才会引导正确的行为。工作不只为公司，更是为自己。

※ 其实，生活就是一面镜子，容不得半点虚假，你今天给予的正

是明天收获的。因此，要为自己的梦想打工，为自己的人生打工！

※ 企业是一个舞台。员工在公司做事如同在舞台上演戏，只不过有人是主角，有人是配角，但哪一种都不能少。每位员工都在为自己工作，也在为他人工作。如果演员们都能演好自己应该演好的那部分，整个戏才是完整的，才会有吸引力。

第4章 忠于公司，与公司一起成功

对老板的忠诚，对企业的忠诚，对职业的忠诚，对自我目标和信念的忠诚，对自我观念、信仰和习惯的忠诚……怎么才能实现这些忠诚的统一呢？只有实现了对人对己的统一，忠诚才能变成自觉自愿的行动，才能爆发出忠诚的强大能量。在就业形势严峻的背景下，你在为谁工作？不是为老板在工作，而是为自己在工作。

认同公司文化，相融于公司氛围

每个公司都有自己的企业文化，不管公司是否宣传这些文化，它都是客观存在的。特别是新员工，在刚来公司时，一定要留意公司的企业文化。因为只有认同公司文化，才能融合到公司的氛围中去。

不可否认，文化，对于一个国家、民族来说，都是非常重要的。文化是国家魅力的展现，是国家富强的体现，是人民生活幸福指数的最好的指标，更能体现出一种民族精神。一直以来，我们都以中国有着上下五千年的历史文化而感到自豪。正是由于文化的力量，才将一代代人的优良思想和经验传承到了我们下一代。

同样，对于一个企业来说，也会有自己的文化。企业文化，是我们整个组织构架的灵魂。如果把企业比作是一个人，每个部门就是不同的器官、肢体，企业文化就是人的血液。如果一家企业没有企业文化，这家企业就无异于行尸走肉。

我们科略公司就是有着明确的价值观和文化的企业，其中的一条就是——坚守岗位。所谓“坚守”，顾名思义，就是坚定地守卫。其中，“坚”代表的是一种意志；“守”强调的是“不使攻破”“坚持”，突出的是“使继续下去”。

2011年的一天，当时还是助教的方老师配合胡老师在玉溪市场开展培训课程。在培训的过程中，老师都是全力以赴地去演讲。中途，助教会给老师换一杯白开水，平常大家都是这样做的。

那天，方老师给胡老师换开水，由于开水非常烫，杯子破裂了，瞬间就在方老师的手上划开一道很长的口子，鲜血立马染红了水杯。当时，下面有几十位管理者正在认真听课，课程必须进行下去。方老师立刻去了医院，缝了七针。

我相信，对于很多的普通职工来说，出了这样的事情，完全可以请假休息几天，至少，当天在医院可以多休息一会。但是方老师没有这样做，他心里想的是客户，想的是公司。

一直以来，我们公司所有的员工，从董事长到下面基层的员工，都默记着公司的使命。所以，每次培训我们都要做到最好，用自己的行动去捍卫自己的使命。

在医院缝完针后，方老师马上又回到了培训现场，并在最后进行了主持总结，真正地去履行着自己所讲出去的每一句话。培训结束后，客户也非常感动。

什么是企业文化？通俗地讲，就是企业的做事习惯。不注意这些习

惯，就会与其他人格格不入，比如，公司员工经常为了工作加班加点，而你却非要按时来按时走，一分钟都不愿在公司多待，这种不良的工作习惯势必会影响你在其他员工心目中的印象。

杰克·韦尔奇在中国讲学的时候，有一句话非常发人深省："什么样的人企业坚决不能用？有业绩、有能力，但不认同你公司的文化，也就是说和企业的价值观不同。这样的人坚决不能用，坚决不能在企业待着，更不用说进入高层。"因为认同企业文化，是选人的首要条件。

作为一名企业员工，如何做才能将自己融入企业，成为一名企业所需要的优秀员工呢？答案就是认同企业文化。

1. 严格遵守企业的各项规章制度

俗话说得好，"没有规矩，不成方圆"，作为一名员工，不管是说话还是做事，都要在规章制度的范围内进行，将制度规定作为自己工作中的行事准则。有些员工认为制度是给别人看的，其实是他自己没有在心底认识到制度在企业管理中的作用。

有的员工，片面强调个人自由，认为企业规章制度剥夺了个人自由。人有一定的社会属性，无论是在社会生活中，还是在工作中，一个人的行为总会受到法律法规、社会道德以及各类团队的规章制度的约束。有了制度，工作才能有序运行，工作才能井井有条。

2. 将工作作为自己的价值追求

今天，劳动依然是一种谋生的手段。可是，如何在劳动中体现自己的价值，并使你的生活更有意义，却是我们每位员工都应思考的问题。

有人说：一个人一生只做两件事，一件是做自己喜欢的事，一件是赚钱养活自己。有人也许会说，我做的工作一点趣味都没有。可是试问，你遇到困难时是否会想到能得到他人的帮助？你在工作中是否经常得到他人的帮助呢?

如果在你的内心深处认为，我现在从事的工作会给周围的人或这个社会带来帮助，就会认为自己的工作是有意义的。当你的工作能给他人带来幸福、带来便利，同时为企业、为社会创造价值时，自然会获得一种幸福感。

3. 不折不扣地执行上司命令

执行无借口！职场中，很多人总是以个性为由，对上司的命令不能做到完全执行，经常以各种借口拖延任务的完成。当出现问题时，有些人会拿出种种理由来推脱。可是，问问自己：对待工作你尽心了吗?你尽到自己的责任了吗?

4. 创造性地开展工作

有人说，职场中重要的就是执行命令，领导让做什么就做什么，没说的坚决不干。可是，要知道，从表面上来说，你是在执行上司的命令；但在深层次上说，是你缺乏工作主动性的表现。人之所以区别于动物，就在于人是有思想的。领导安排了的事要做，领导没安排但有利于企业、有利于他人的事也要做。

让个人小理想与公司大目标同频共振

要想让自己的付出得到回报，不仅要树立自己的职业目标，还要了解公司的目标，最重要的是要将个人目标和公司目标有机地联系起来。只有这样，在工作中才能全力以赴、千方百计地创造出良好的业绩。

在工作中，很多人都会问自己这样一个问题：为什么自己辛苦工作、

付出了很多，却换不来功劳？其实，除了一些外部客观原因外，更多的是因为许多人在做事的过程中，忘记了工作的目标。

要想避免劳而无功、有苦劳无功劳的情况，职场人就必须要树立一个职业目标，同时还要了解公司目标，将个人目标和公司目标有机地联系起来。只有这样，在工作中才能全力以赴、千方百计地创造出良好的业绩。

如果你自身就不喜欢这项工作、不愿意去做这项工作，公司目标与自己的目标也不一致，你就不可能用尽全力，怎么能创造出良好的绩效？即使你能够创造出良好绩效，也是偶然的，不能持续下去。

不可否认，公司的目标和员工的个人理想是完全不一样的。可是，公司的目标和个人的理想又是紧密联系在一起的。公司的目标必须通过个人创造的一个又一个的小目标来实现；而个人的理想又受到公司经营结果的很大影响。一方面，个人的人力资源会受到公司的支配；另一方面，公司经营结果的好坏会影响个人的经济分配和职业成长的结果。

有人说，公司的经营结果不好，我可以再换一家公司！可是不管怎么换，你都会受到团队业绩的影响。对公司忠诚的人，一般都懂得如何将自己的奋斗目标与公司达成目标的需求结合起来，为公司作出尽可能多的贡献，然后通过公司实现自己的个人目标。

众所周知，大雁是一种候鸟，春天到北方繁殖，冬天到南方过冬，每一次迁徙都要经过大约1~2个月的时间，途中历尽千辛万苦。可是，不管在何处繁殖、何处过冬，他们总是非常准时地南来北往。

雁群一般来说，都是由数百只甚至上千只有着共同目标的大雁组成，由有经验的“头雁”带领。加速飞行时，队伍会排成一个“人”字形；一旦减速，队伍又会由“人”字形换成“一”字长蛇形。

研究发现，雁群组队齐飞比单独飞能够提高22%的速度，人字队形可以增加雁群70%的飞行范围。当“头雁”的翅膀在空中划过时，翅膀尖上就会产生一股微弱的上升气流，后面的大雁就可以依次利用这股气流飞行，节省体力。

雁群之优，在于目标一致、前后呼应，企业的成功也在于这里。21世纪是一个团队至上的时代，在一个公司里面，员工就像大雁，团队就像雁群。大雁的迁徙就好比是企业一步步向成功迈进。只有拥有了一支具有很强向心力、凝聚力、战斗力的团队，拥有了一批彼此间互相鼓励、支持、学习、合作的员工，才能提高团队精神，才能实现个人的成功。

团队目标是一个团队努力奋斗希望达到的目标，它不仅是团队发展的方向，也是所有成员努力的目标，更是整个团队奋斗的动力。它就像灯塔一样，始终为团队指明前进的方向。

几匹马拉一辆车行驶，如果所有的马都朝着不同的方向前进，这辆车根本就不会前进；如果步调不一致，还会导致马倒车翻。而当所有的马朝着一个方向、步调一致地奔跑时，这辆车才能快速地前进。

企业目标就像是一面大旗，赋予员工神圣感和使命感，鼓励员工为崇高的信念而奋斗，没有共同目标的团队必定是松散而没有竞争力的；离开了团队的大目标，个人的理想也会成为空中楼阁。

赵爽大学毕业后，应聘到一家广告公司上班。上班的第一天，上司就分配给他一项任务：为一家知名企业做一个广告策划方案。

由于是上司亲自交代的，赵爽自然不敢怠慢，立刻埋头认认真真地做了起来。赵爽一句话都不说，一个人费劲地摸索了半个月，可是依然找不到头绪。显然，这是一项很难独立完成的工作。

可是，赵爽没有去寻求合作，也没有请教同事和上司，只是凭自己一个人的力量蛮干，甚至忽略了客户的时间要求。最后，他没有拿出一个合格的方案来。

赵爽没有将自己的目标融入企业目标，结果导致了失败。公司目标与个人目标融合，不仅可以促使团队成员更加出色高效地完成自己的工作，还能保证团队更加高效地运转。

事实证明，公司目标与个人目标是否协调一致以及一致程度，直接影响着公司目标能否实现以及实现目标的效率，所以，每个员工都要将自己的个人目标和公司理想结合起来。一旦将自己的思想统一到团队的整体思想体系中，认同团队的目标，把个人目标和公司目标牢牢地结合在一起，个人的理想也就容易实现了。

在企业的前进过程中，企业的目标担当着船帆的领航作用，直接影响着企业这艘船的航行速度和航行距离。如果仅仅有船帆掌握好了方向，船身行驶得太慢，企业也是无法驰骋在市场的海洋中。如何让个人的运转跟得上企业目标呢？最好的办法就是将自己的个人目标融入公司目标。

将个人目标融入公司目标，会使个人将注意力投向企业及部门的整体业绩，而不是自己的报酬和升迁。这样，员工的视野会更加广阔。在工作中，就会认真考虑自己的部门与整个团队或公司目标应该是什么关系。

将个人目标融入到团队目标中，可以增进一个人对工作的认同，大大提高自己的工作热情和效率。另外，对企业而言，一个人的成功不是真正的成功，团队的成功才是最大的成功。

要实现自己的工作价值，就应当将个人追求融入到团队目标中。作为团队中的个体，只有把个人的目标融入到整个团队之中，凭借集体的力量，才能把个人不能完成的棘手的问题解决好，才能成为忠诚于公司的员工。

公司就是你的船，同舟共济才能靠岸

从你进入公司的第一天起，你的命运就和公司这艘船牢牢地联系在了一起。如果说公司是承载员工事业的船，那么员工就是推动公司不断前行的水手。让船乘风破浪、安全前行，是每个员工不可推卸的责任。因此，尽到一个水手的责任，同舟共济才能实现自己的目标。

什么是“同舟共济”，有这样一个典故：

春秋时期，吴国和越国经常打仗，两国的人民也都将对方视为仇人。

有一次，两国的人正好共同坐一艘船渡河。船刚刚启动的时候，他们在船上互相瞪着对方，一副要打架的样子。可是，当船开到河中央的时候，突然遇到了大风雨。

看到船马上就要翻了，为了保住性命，这些人顾不得彼此的仇恨，纷纷互相救助。他们合力稳定船身，最终逃过了这场天灾，安全到达河的对岸。

这个典故就告诉我们，越是困难的时候，越应该共同担当，克服困难。职场中更应如此——与公司风雨同舟！如果说公司是船，那么员工就是水手，让船乘风破浪，安全前行，是每个员工不可推卸的责任。

公司的命运就是你的命运，你时刻代表着公司的形象，要将自己的利益和公司的利益有机结合在一起。

在新泽西州，有一名叫做波西的年轻人。他在当地一家有名的广告公司工作，老板乔治头脑精明，待人谦和。

刚入职的时候，公司运转一切正常，波西工作起来得心应手。然而半年之后，风云突变，公司承担的一个大项目资金链出现断裂，公司陷入危机之中，各项业务也都陷于停滞状态。

尽管老板乔治使尽了浑身解数，四处筹措资金，但却始终没有人愿意出手相救。到了后来，公司甚至连员工的薪水都发不下来了。连续几个月领不到工资，公司开始人心涣散，有些员工甚至每天都堵在乔治的办公室门口讨薪水。由于乔治无力支付，大家就各取所需，把公司里的办公用品瓜分一空。

然而，在所有员工都忙着讨薪的时候，波西却没有放弃拯救公司的努力。他一直想方设法地为公司寻找资金，希望能够挽救公司于水火之中。老板乔治被波西的行动所感动，歉疚地询问为什么波西不走。波西回答

说：“既然我已经踏上了这条船，就会和公司同舟共济，绝不会因为一点小风浪就灰溜溜地走掉。”

在波西持续不懈的努力下，终于有一位公司老板被打动，愿意出资帮助他们渡过难关。这笔资金挽救了波西公司的命运，项目得以继续进行。不久之后，在波西的领导下，这个项目圆满完成，公司也因此而获得了很大的收益。

在公司渡过难关之后，乔治理所应当地提升波西为项目开发部经理，逢人就夸奖波西，称赞他是公司最重要的员工。

不可否认，波西的成功一方面来源于他本身的能力，另一方面也在于他有着多数人不具有的忠诚精神。在公司遇到困难的时候，他没有临阵脱逃，而是勇敢地选择与公司同风雨、共患难。试想，一个这样忠诚的员工，有哪个老板会不喜欢呢?

从你进入公司的第一天起，你的命运就和公司这艘船牢牢地联系在了一起。你有责任、有义务与公司一起抵御风雨，一旦遇到了风雨、暗礁、海啸等风险，绝不能轻易选择逃避，而应该努力使这艘船到达成功的彼岸。

既然选择在一家公司工作，你就是公司的一员，就应该和公司同心同力，和公司同发展、共命运，就应该以“主人”的心态来管理照料这艘船，而不是以一种“乘客”的心态来渡过人生的浩瀚大海。

我国有一句谚语：“树倒猢狲散。”意思是说，树木倒了，生活在树上的猢狲也都离开了，在职场中，也可以用它来比喻员工对公司不够忠诚。公司发展好的时候，很多人趋之若鹜；公司一旦不行了，很多平日里高喊“忠诚”的人就会纷纷离去。这样的员工只能与公司同享乐，却无法与公司共患难。可是，一些比较知名的公司，比如 IBM、海尔、华为、联通，它们的发展历程并非一帆风顺，也曾陷入困境。每一次困境都如同一把筛子，把那些急功近利的、目光短浅的员工筛走，留下的都是有责任心、能同甘共苦的精英。

现在，职场中的工作机会虽然相对多了，但如果没有与公司共发展、同进步的思想，也很难做出什么成就来；如果出于职业道德和职业需求，把公司当成自己的家，与公司同舟共济，真心付出，就能在事业的道路上有所收获，获得更大的发展空间。

与公司风雨同舟是职场自古不变的黄金原则，也是员工的神圣职责。作为职场人士，应该认识到以下两点。

1. 公司的命运就是自己的命运

公司与员工的命运有着千丝万缕的联系，公司的发展不仅有利于老板，也有利于自己。那些从破产的公司里出来的求职者总是很难受到别人的欢迎，而优秀公司的职员却常常成为猎头的对象。

2. 无论遇到什么，都不能后退

公司遇到危机就辞职不干的人，是很难获得成功的。一个能够时刻与公司共命运的人才能获得长远的发展，如果你与公司同生死、共命运，公司会给你最大的回报。越是困难的时候，越能够考验一个人的道德观和价值观，忠诚的员工都不是落井下石的人。

※ 作为一名企业员工，如何做才能将自己融入企业，成为一名企业所需要的优秀员工呢？答案就是认同企业文化。

※ 不可否认，公司的目标和员工的个人理想是完全不一样的。可是，公司的目标和个人的理想又是紧密联系在一起的。公司的目标必

须通过个人创造的一个又一个的小目标来实现；而个人的理想又受到公司经营结果的很大影响。

※ 既然选择在一家公司工作，你就是公司的一员，就应该和公司同心同力，和公司同发展、共命运，就应该以“主人”的心态来管理照料这艘船，而不是以一种“乘客”的心态来渡过人生的浩瀚大海。

第2部分

不忠诚行为对自己有百害而无一利

对公司不忠诚的行为，最终伤害的是自己。比如，公司可以辞退不忠诚的员工，不断招聘忠诚于公司的员工。对于公司来说，不忠诚的员工仅是其中之一，而对于员工自己来说，被辞退则是很大的挫折。

第5章 不管对与错，消极执行

职场中，有些人明明看出有问题，但就是不愿说出来，一味地消极执行。其实，能不能看出问题是本事问题，已经看出有问题而不说出来是一个忠诚问题。不忠诚的员工，遇到问题的时候，不管对与错，都会消极执行。

表现出来的是无原则的意识和品质

消极执行的心态是对自己不负责任的心态，虽然能够暂时维护表面的和谐，实质上却是一种无原则的表现。职场中，不管面对什么问题，都要积极应对。只有这样，才能帮助自己的公司，帮助自己的员工，最后真正地帮助自己。

大学毕业之后，李海和王强同时进入了一家服装公司，主要负责面料的采购。后来，他们两人合租住在一块儿，逢年过节也都相互照应着，两人便熟络起来。他们两人经常一起上下班、一起外出旅游，就连加薪晋升都步调一致，这种默契度着实让周围的同事羡慕。

李海是面料识别的专家，而王强是谈判高手，所以他们俩在工作上的合作绝对是珠联璧合、天衣无缝。前不久，他们一起出差去见两家不同的面料供应商，不但顺利地拿下第一家供货商，还讨得一个低于行业均价的合约。

接下去要见的第二家供应商是公司准备开发特色产品而寻找的新客户，老板千叮咛万嘱咐要把好质量关。不过有李海这位专家的帮助，再加上自己这几年积累的识货经验，王强也敢于放手一搏。

在看过样品后，王强觉得这家公司所出的面料质地一般，并不能满足公司开发特色产品的定位，可是李海却觉得这家公司的面料性价比最高。最终王强听取了李海的建议，签下了合约。

可是，第二家供应商的面料果真出现了问题，新出的产品在经过一段时间后缩水、变形、掉色非常厉害，销售商纷纷退货，让公司损失不小。王强打算将责任承担起来，可是让他没想到的是，在老板还没说追究责任时，李海就已经忙不迭地撇清责任，说：“在签订第二家公司时，我只是提供参考意见，这次事故和我无关。”

王强没有解释。不久后，李海由于业绩出众从采购主管被提升为采购经理，王强则因为个人失误导致公司利益受损，将扣除年终奖金并丢失升职机会。

职场中的朋友看似亲密无间，可是这种友谊在利益面前却显得格外脆弱。当我们和所谓的朋友共同执行一项任务时，更应该责任到人，亲兄弟明算账。不要因为两人的朋友关系，就忽略了一些细节。

职场中，不管做任何事情都要有原则！

小雨性格温和，在办公室里和每个人都相安无事。小雨在公司工作已经有半年的时间了，可是，她从来都不会过分坚持自己的意见，也不会轻易反驳他人意见。在同事眼里，小雨就是个老好人，可是因为太好说话，她的话从来引不起他人足够的重视。

有时，明明自己的活还没干完，却得帮同事复印材料，自己再来加班

做自己的活；周末值班，别的同事总会有这样那样的事情忙得抽不开身，唯有小雨总是那个替别人值班的人。半年下来，小雨只休过3个双休。

小雨不想得罪同事，能帮就帮一下。可是时间一长，同事倒觉得这是小雨应该做的。上周小雨有事值不了班，没想到本该值班的孙姐却对她意见很大，说："你只帮别人不帮我。"小雨感到很委屈。

做办公室里的老好人，并不一定会受到大家的喜欢；实际上，在充满竞争的职场，只有在工作能力得到大家认同时，才能成为真正的强者。要不时地提醒自己，什么是你真正想要的？当你知道什么是正确的选择却因为"不想得罪人"而做不到时，妥协将最先伤害到自己。

实际上，懂得拒绝的人往往有很好的沟通能力和协调能力，使那些被拒绝的人并不会因此成为他们的敌人。当你总是处于被支配的状态时，不妨花点时间和那些总是支配你的人沟通和协调，排列工作的轻重缓急，这样才能优化你的行为模式。

职业人在工作中会碰到很多的问题和事情，在处理时要遵守一定的职业规则，才能处理好，不按规则或不懂规则，做事就会出现问题。常见的职业规则有：

（1）迟到要道歉。迟到了不要做辩解，要直率地道歉："我迟到了，真对不起。"被问原因的时候，要将具体的原因说清楚。

（2）对上司问好不必谄媚，可是一定要给上司来个精神饱满的"早上好"。

（3）主动请假。想请假，就要在前一天得到上司的应允。突然有事，要在上班之前用电话进行联系。

（4）注意着装。工作时间，要穿便于工作、与工作环境协调的整洁服装，千万不要穿另类的服装。

（5）外出申明出处。外出时，要把去处和回公司时间写出来，也许你不在时会出现什么急事。

（6）不要在人背后张望。在人背后张望，是最大的不礼貌。

（7）认真地处理一切事务。对工作不要挑挑拣拣，自己分到的工作，无论难易都要热情对待，麻利地加以处置。

（8）不要擅用他人物品。不能遵守这一条的人是不合格的职场人。

（9）私事莫劳。办公室不能做私事。

（10）按分工做事。不要插手他人分管的工作，帮别人干是可以的，但不能揽取。

（11）禁止谈论个人。把别人家庭中发生的事当做议论话题是个坏习惯。

“墙头草”难以实现自我理想

面对领导的意见，有些人喜欢顺水推舟送人情。可是，这是忠诚员工最忌讳的！工作中，领导欣赏的是忠诚正直的员工，因为这样的员工才可以放心地委以重任。那些在靠巧言令色来混迹职场的人迟早会被踢出来；甘做“墙头草”的人士很难实现自我理想的。

随着宫廷大戏《甄嬛传》的热播，很多职场人将其作为“后宫职场宝典”，了解职场生存法则。

飞扬跋扈的华妃失势之后，曹贵人便转而投向得宠的甄嬛。她不仅在皇后面前揭发了华妃的种种罪行，还落井下石地提议处死华妃。虽然在揭发华妃的事情上有功，可是皇上却对她非常厌恶，认为她是个不念旧情的小人。

摇摆不定的“墙头草”，从没有自己的观点，永远只是附和别人的意见。更重要的是一遇到公司纷争，哪边势力在就倒向哪一边，并煽风点火，一旦这方失势，又马上倒向另一方。“墙头草”作风只能落得两头不

讨好的结局，一旦出现什么状况无论哪方都不会为你伸出援手。

赵大国所在的这家公司是一家国企，是被一个朋友招进来做工程师的。当时赵大国的朋友还没有当经理，是另外一个人在代管他们，但赵大国也知道朋友当时在和他竞争那个经理的岗位。

刚进单位的时候，赵大国从来都没有想过要站队，只是觉得要好好工作，争取升职。后来，朋友代替了之前那个领导的职位，可是到底由谁来担任经理却一直没正式宣布。

在朋友升上去之后，之前的领导找赵大国去吃饭。赵大国承认，自己的想法也比较自私，因为毕竟这两个人都不确定，赵大国也想两边都讨好。其实，赵大国从来都没有想过“站队”的想法，有的同事说他“你太傻了，为什么要帮前领导。”

任职报告很快就下来了，朋友当上了经理。平时工作上虽然没有给赵大国“穿小鞋”，但赵大国的工作基本上算是停滞不前了。而且跟赵大国一批次的同事都升级了，赵大国却相当于被降级，发配到基层去了。赵大国挺郁闷的！

这件事给赵大国的教训太大了，现在他才意识到，职场“水很深”！以后不管做什么事，和什么人接触，他都会先把前因后果想明白。

事实证明，职场“墙头草”的生命力是最薄弱的，无论老板还是同事，都不需要这种没有实力见风使舵的搭档。

在实际工作中，不管是哪个人都会遇到一些别人提出来的、自己想推掉却又难以启齿的要求，于是，很多“应声虫”只用“好，没问题”来应付。

不管这是碍于情面勉强答应，还是因为害怕批评而唯唯诺诺，难以开口“拒绝”的原因，或多或少存在着一种迎合他人的心理。可是，在很多时候，事情往往没有因“迎合”而结束，无尽烦恼也伴随无条件的妥协与服从产生。他们不仅没有获得想象中的好人缘，还可能由于力有不逮而给他人或上司留下坏印象。

在一次会议上，老板把公司遇到的问题说出来，想听听大家的意见。大家发表了一些见解，老板并不满意。这时，老板说出了自己的办法。可是，还没等老板说完，主管赵熙就迅速站起来附和道：“这个办法是最好的。”

老板很不高兴，说：“我还没有说完呢，你就急着发言？这个办法我已多次证明是行不通的。”赵熙立马面红耳赤。

对自己解决不了的问题，老板会希望集合员工的智慧去解决。如果员工没一点自己的见解，而总是“随声附和”，那么老板就真的成为“孤家寡人”了。所以，有时候说出自己的意见，未必是一件坏事。而随声附和，让老板做出错误的决定，才是让他最痛恨的！

老板在事务与工作上负着领导的责任，可能他们在学识与经验上比较突出，可是在必要的场合，千万不要害怕与他们有不同的观点，因为他们也需要听到不同的声音，也需要以更新颖、更周全的观点来完善自己的决策。所以，如果你能谦恭、忠实地说出自己的见解，反而比一味奉承附和更容易得到领导的器重和信任。

缺乏主人公意识，把自己当成局外人

主人翁意识，会让员工明确地意识到自己的使命，并为达成使命全力以赴；会让有责任心的员工对所从事的工作更加积极主动。有主人翁意识的员工，往往能够以公司为家，处处为公司着想；即使离开公司，也绝不会做有损公司形象或利益的事。

职场中，提倡的是主人翁精神，具有这种精神的人，他的个人利益和公司利益是一致的，公司的事就是自己的事。只要你是公司里的一员，你

就应时刻把企业的利益放在心头。

公司就是你的家，要把自己当做公司的主人，而不是老板的仆人。只有这样，你才能用心把公司的事当做自己的事，才能不断地提升自己的价值，成为一名卓越的员工。

虽然乔治到这家钢铁公司工作还不到一个月，可是却发现了一些问题，比如，很多炼铁的矿石并没有得到完全充分的冶炼，一些矿石中还残留着没有被冶炼的铁。如果这样下去的话，公司岂不是会有很大的损失？

乔治找到负责这项工作的工人，跟他说明了问题。可是，这位工人却说："如果技术有问题，工程师一定会跟我说。现在，还没有哪一位工程师向我说明这个问题，说明现在没有问题。"

接着，乔治又找到了负责技术的工程师，对工程师说明了他看到的问题。工程师很自信地说："我们的技术是世界上一流的，怎么可能会有这样的问题？"工程师并没有把他说的看成是一个很大的问题，还暗自认为，一个刚刚毕业的大学生，能明白多少，不过是因为想博得别人的好感而表现自己。

乔治认为这是个很大的问题，于是就拿着没有冶炼好的矿石找到了公司负责技术的总工程师。他说："先生，我认为这是一块没有冶炼好的矿石，您认为呢？"

总工程师看了一眼，说："没错，年轻人你说得对。哪来的矿石？"

乔治说："是我们公司的。"

总工程师很诧异："怎么会，我们公司的技术是一流的，怎么可能会有这样的问题？"

乔治坚持道："工程师也这么说，但事实确实如此。"

总工程师有些发火了："看来是出问题了。怎么没有人向我反映？"

很快，总工程师就召集负责技术的工程师来到了车间。经过仔细查看，果然发现了一些冶炼并不充分的矿石。原来，是监测机器的某个零件出现了问题，才导致了冶炼的不充分。

公司的总经理知道了这件事之后，不但奖励了乔治，还晋升乔治为负责技术监督的工程师。总经理不无感慨地说："我们公司并不缺少工程师，但缺少的是有主人翁意识的工程师。这么多工程师就没有一个人发现问题，并且有人提出了问题，他们还不以为然。对于一个企业来讲，人才是重要的，但是更重要的是真正有责任感和忠诚于公司的人才。"

一个具有主人翁精神、真正负责任的员工，面临挑战和困难时，会迸发出比以往强大若干倍的能力和勇气。因为他知道，自己的胆怯和逃避很可能会让企业承受重大的损失；自己是公司的一分子，有责任、有义务去捍卫公司的利益。只有勇敢地面对，才能真正担当起责任，不让企业遭受损失。

主人翁意识让员工意识到肩负的使命，并为达成使命全力以赴。正是在众多充满主人翁意识的员工的积极主动下，才得以让公司走出窘境，最终得以稳步发展。一个人如果不时刻铭记着："公司的利益要摆在首位"，那么，即使他有着再厉害的才能，也不会是一名优秀员工。

事实证明，把自己的利益放在首位，是目光短浅，难成大器的。只有具有了为自己工作、是企业主人的心态，才具备了一个优秀员工的素质。

贝迪是一个优秀的专业木匠，做了一辈子木工，由于敬业和勤勤恳恳而深得老板的信任。到达一定的年龄之后，贝迪对老板说："我想退休回家，像个平凡老人一样与亲人一起共享天伦之乐。"

老板与他共事这么久，充满了感情，百般挽留，无奈他去意已决，只好答应了他的请辞："我同意了，可是希望你能够最后再帮助我盖一栋房子。"面对这么多年一起工作的老板，贝迪找不到理由去推辞。

其实，贝迪满腹牢骚。他归心似箭，根本没用心思在这栋房子上。用料简单粗糙，做事粗心大意，房子很快就盖好后，贝迪立即兴冲冲地向老板请辞。没想到，老板却将房子的钥匙交给了他。

老板说："你为我工作了一辈子，我送给你这份礼物作为感谢。"老木匠愣住了，又悔恨又羞愧。他没有想到，自己一生盖了那么多精致的豪宅华亭，最后却为自己建了这样一栋粗制滥造的房子。

如果贝迪最后也能像平常一样，用主人翁精神认真地建好房子，最后的房子就是精美漂亮的。可是，结果呢？

职场中，很多员工又何尝不是这样？工作的时候，他们总是漫不经心的、凑凑合合的，认为那是老板的事业、老板的"房子"，公司的发展好坏与自己无关；每天工作不是积极行动，而是采取消极应付、得过且过的方法，做任何事都不肯精益求精。老木匠正是缺乏主人翁意识，最后才陷入了自己构筑的困境中。

忠诚的员工，不管老板在不在，不管公司遇到什么样的挫折，都愿意全力以赴。他们拥有愿意帮助公司创造更多财富走出困境的主人翁心态，这样的员工才是合格的。

主人翁意识不是靠口头讲出来的，是能够经受住各种考验的行动和付出。特别是在公司困难和陷入危机的时候，更需要员工与企业同呼吸、共患难。有主人翁精神的员工以公司为家，处处为公司着想，即使离开公司也绝不会做有损公司形象或利益的事。

如果你渴望担当大任，渴望获得更为广阔的发展舞台，就应该以主人翁的态度来做事。当我们以公司主人的身份来工作，将整个身心彻底融入到公司事务中时，我们就会尽职尽责，全心全意地把自己当成是企业大家庭中的一员。

不管是否才华横溢、能力出众，只要我们渴望晋升，处处为公司着想，当我们做出成绩时，很快就会成为一个信赖的人，晋升便水到渠成。更重要的是，永远不用担心失业，因为只有主人舍弃家，却没有哪个家会抛弃主人。

※ 在工作中，我们会碰到很多的问题和事情，在处理时要遵守一定的职业规则，才能处理好，不按规则或不懂规则，做事就会出现问题。

※ 摇摆不定的“墙头草”，从没有自己的观点，永远只是附和别人的意见。更重要的是一遇到公司纷争，哪边势力在就倒向哪一边，并煽风点火，一旦这方失势，又马上倒向另一方。所以，如果你能谦恭、忠实地说出自己的见解，反而比一味奉承更容易得到领导的器重。

※ 一个具有主人翁精神的员工，面临挑战和困难时，会迸发出比以往强大若干倍的能力和勇气。自己是公司的一分子，有责任、有义务去捍卫公司的利益。只有勇敢地面对，才能真正担当起责任，不让企业遭受损失。

第6章 得过且过，知“足”常“乐”

有些人在工作中没有上进心，不思进取，但求“无过”，不求“有功”。可是，得过且过型的员工只能在原地打转，知足不一定能够长乐。这一点，要深知！

目标的高度决定成绩的大小

目标不同，员工对工作的态度就不同，自己的命运也会不同。真正阻碍一个人前进的障碍只存在于一个人的内心当中，只要冲破自身的极限，就一定会取得意想不到的效果。如果能够建立一个良好的工作态度，只要坚持不懈，定能取得不菲的成绩。

有这样一则寓言：

一个农夫养了一匹马和一头驴。有一次，农夫骑着马去了一个很远的地方，一段时间之后，农夫骑着马又回到了家里。

马向驴谈起自己的旅途经历，驴惊羡不已。可是，马却说：“其实，我和你所走的距离都是差不多的。只是我和农夫都有一个遥远的目标，我们一直朝着这个目标前进，才看到了广阔而壮丽的世界。而你一直都是蒙着眼睛围着磨盘转，所以就看不到外边的精彩世界。”

这则寓言看似简单，却告诉了我们一些道理：在这个世界上，绝大多数人的智力和体力都是差不多的，却会做出不一样的成就。为什么会出现这种情况呢？造成这种差别的关键原因就在于是否给自己树立了一个远大的目标。

美国成功学大师卡耐基曾经说过：“人一生命运的差别并不在于天赋或机遇，而在于有无人生的目标。”不仅我们的人生道路是这样，职业生涯同样也是这样。在职场中，只有做到有的放矢，明确自己的目标，才能少走弯路，最快地实现自己的价值。否则，就只会像寓言中的那头驴一样，永远在原地打转，白白消耗自己的精力和体力。

要想在职场中准确地给自己定位，就不要忘了给自己设定一个目标。有了目标的指引，我们才能清楚地知道自己要干什么，自己努力的方向在哪里，才能矢志不渝地朝着奋斗目标前进。

有一句职场名言：“一个没有目标的人生就像一场没有球门的足球赛，对球员和观众都索然无味。”对于刚入职的职场新人来说，为工作定个目标，为未来做个计划，更是入职职场的第一课。

胡小西是南方一所著名大学的广告学硕士，2008 年 7 月毕业后，进入一家网站做市场策划工作。对于目前的工作，胡小西觉得很满足，可是对未来却没有太多考虑，也没有给自己定一个明确的目标，更不知道该如何做一个适合自己的详细职业规划？

其实，职场中，类似胡小西这样的职场新人为数不少。要想做一个适合自己的职业规划，最重要的是确定自己的职业方向。职业方向就像是大海里的船，必须有一定的航向，不然，任何风都是逆风。

对于成功的职场人士来说，设立目标很重要，同时更重要的是，要为自己设定一个高目标。当你为自己设定了一个高目标时，这个目标就会清

晰地呈现在你的脑海中，表示你一定要做到。当你设定了一个高目标时，就等于给你的潜意识下达了一条清晰的指令，打开了你潜意识中蕴藏的无穷力量。

没有高度的目标不能算是一个目标。只要将自己的目标设定得稍微高一些，你才会下意识地考虑，才会更加努力，才会作出比较大的成绩。如果一个目标设置得太低，是不利于自己进步的。

当你给自己设定了一个较高的目标后，你就会有一种紧迫感。马越骑越快，人越逼越勇。与此同时，你的潜意识开始接受这条指令，并自动执行。你的头脑就会开始酝酿达成目标的计划和方案，促使你快速地达成你的目标。

人类的潜意识是与宇宙自然无边的信息与资源相通的，拥有巨大无比的能量，它可以达成你任何的目标！如果没有设定目标，也就无从着手。就像你吩咐一个人去做一件事情而没有规定几时完成一样，他可以一天之内完成，也可以一个月，也可以变成遥遥无期。而无期就代表完不成。有了目标，潜意识便会自动调动一切资源，迅速达成你的目标。

身在职场，有相当一部分人对每天应该完成的工作不清楚。即使他们手头上工作的进度比事先计划的延迟很多也浑然不觉。他们往往以“今天没有心情”“今天偷懒一点没关系”等为借口，把今天的工作向后推。久而久之，这样的人就会对工作懈怠，职场危机也就会不请自到，所以要给自己设定一个目标。具体来说，应设定下列目标。

1. 日目标

对工作要有短期目标，最适宜的方法是制定“日目标”。清楚知道每天需要完成的工作量，并意识到如果不按时完成会产生的后果，这样做就会有效地防止自身的懈怠。

2. 月目标

职场给自己制定“月目标”，也就是为期一个月的工作计划。

3. 目标稍高一些

在实际工作中，每天所计划的工作量要略高于按总工作量计算的平均工作量，因为在日常工作中经常会遇到不可预测的事情，比如突然的应酬、身体不适等。如果你的工作接近完成，这个时候不妨放松一下，打开电视看看周末的娱乐综艺节目或者安排周末旅游。

逆水行舟，不进则退

在这个日新月异高速发展的时代，应该不断地寻求进步，探索新的工作方式，创造新的价值。如果你不去学习，一味固守陈旧，即使你以前学的知识再丰富都会过时，会变得一无用处，最终被淘汰。只有不断地学习新知识充实自己，才能跟上时代的发展！

日益加剧的竞争和超负荷的工作量，让不少职场人的冲劲、热情渐渐消失殆尽，并出现了身体和心理上的不舒服，心理学家称之为职业枯竭症。快节奏的现代社会带给人们的竞争压力，更加剧了这种职业枯竭感的蔓延。

当工作无法带来冲劲和热情时，他们的内心会有深深的失落感。而且，随着阅历的增加，对工作轻车熟路，挑战越来越少，人们对工作的新鲜感逐渐丧失，容易厌倦和乏味。另外，职业生涯发展到一定的阶段，不少人对自己的认识和定位模糊起来，变得机械而漫无目的，失去了工作乐趣。

郭女士是一名网络编辑，每天工作非常忙，但工作内容千篇一律，不外乎就是“剪刀加糨糊”，把其他媒体上刊登的稿件复制过来加工整合一下。

每天不停地重复这样的工作，让郭女士觉得身心疲惫，失去了当初的激情和斗志，感觉自己的思想就像被吸光了一样，没有灵感，心情烦躁，对什么都不感兴趣。她怀疑自己患上了职业枯竭症。

那么，我们该如何找回工作中的乐趣呢？感觉到职业枯竭的人应该及时充电，靠更新知识来武装自己，提高自身实力。这样不仅自己心里有底气，用人单位也会重视，甚至有更好的工作机会主动找到你。

现在的社会，就是一个学习型的社会，我们的人生，就是学习型的人生。充电、学习，应该是我们每个人的生活方式。

纽约一家公司因为经营不善被法国一家公司兼并了。在签订兼并合同的当天，公司新任总裁宣布：“我们不会因为兼并而随意裁员，但如果你的法语太差，无法和其他员工交流，那么我们不得不请你离开。这个周末我们将进行一次法语考试，只有考试及格的人才能继续在这里工作。”

听到这个消息，几乎所有的员工都涌向图书馆，只有赵凯像平时一样直接回家了，其他人都认为他肯定不想要这份待遇丰厚的工作了。可是结果却令所有人都跌破了眼镜，这个被大家公认为最没有希望的人却考了最高分。

原来，赵凯在大学刚毕业来到这家公司后，就已经认识到自己身上有许多不足。从那时起，他就开始有意识地提高自身的能力。无论工作多么繁忙，赵凯都会抽时间熟悉公司所有部门的业务，并谦虚地向同仁请教，很快就熟悉了整个工作流程。

更难能可贵的是，作为一个销售部的普通员工，赵凯还时常向技术部和产品开发部的同事们学习相关的技术知识，所以每次都能对客户的问题对答如流。

在工作中，赵凯还发现公司的客户多半来自法国，于是在工作之余开始刻苦地学习法语。当同事都在请公司的翻译帮忙翻译与客户的往来邮件与合同文本时，他已经能够自行解决这些问题了。

个人学习能力，是指个体吸收和运用知识并改变工作和生活状态的能力。在这个知识经济的时代，学习已经突破了学校的限制，变成了终生的事情，需要随时随地地学习，因此学习能力的提高比学习知识重要得多。

书本上的知识毕竟有限，一辈子待在学校学习也是不现实的。最切实可行的办法是，边干边学，缺什么补什么，不断地完善自己。只有不断地学习，才能接触许多新东西，才能不断使自己知识层次更替，拓宽知识视野。

如今的职场上，“充电”已经变得越来越重要。的确，面对激烈的人才竞争，我们要学会学习，不断地进行自我增值，否则就如同耗损的电池一样失去了价值。特别是对于刚刚迈入职场的年轻人来说，要想在职场中闯出自己的天地，那么能力将是主要的“进攻武器”。

可是当人们都认识到了“充电”的重要性时，新的问题又出现了：很多人在“充电”的过程中乱充电、充错电，这种现象时有发生。这样的问题无疑是巨大的，轻者浪费了自己的金钱和精力，重者则让自己的职业生涯陷入窘境。

很多人只是选择考一个职业资格证书、进修语言来给自己“充电”，但即使这样的培训也是盲目的偏多。有人这样形容自己的培训感想：“听听激动，想想冲动，回去一动不动。”那么，我们如何在有效的时间里制订合理的“充电”计划，使“充电”的效能达到最大化的同时还不耽误工作，为个人成长和职业发展推波助澜呢？

第一，“充电”定位要准确。在选择“充电”时，首先要认真分析一下自己所在的领域对人才有什么样的标准和要求，比如学历、工作经验、专业背景等，然后按市场要求调整自己的充电方向和方式。此外充电一定

要选择能使自身价值得到提升的专业或项目，千万不要仅仅为了一张文凭而去学习。

第二，“充电”目标要明确。很多职场人在选择充电的时候，市场上流行什么，什么证书最吃香，他就学什么，拿了一大堆的证书，似乎什么都能干，竞争力增强了，其实不然。这样的“充电”对个人来说不仅是金钱和时间上的损失，更关键的是很容易把自己的职业观念引入歧路。自己会很迷茫。

第三，“充电”时机要明确。“充电”的方向是对的，可是却在一个错误的时间来进行，结果事倍功半。这也是职场人常常会犯的毛病。

第四，合适的“充电”。学习的时候，要选择合适的时机，否则，不仅会增加投资成本，还会浪费时间。这里的时间节点，主要指的是一个人职业发展的特定时间阶段。在不同的阶段，要根据自己职业发展的状况、专业水平、工作能力等来选择恰当的培训，这才是上策。

竞争时代，“知足”无法“长乐”

在激烈竞争的职场竞争中，如果仅仅满足于目前状况，那么他一定会在最短的时间里就会被埋没在职场前进的大浪潮中。所以，“知足”或许可以“乐”，但不可能“常乐”，只有“不知足”才能“常乐”。

在日常生活中，很多人都奉行“知足常乐”的原则，可是，最近一项新的调查结果却显示：“略微不满足”的人更易取得成功。

“不知足”是一种竞争的状态，是一种目标的选择，是一种进步的力量。有了这种力量，人们就会把人生的追求和对社会的责任，转化为个人前进的动力、拼搏的勇气和坚定的信念。在追求理想的过程中，不知足。

具有“不知足”精神的员工，不仅会主动奋斗、主动服从、主动负责、主动付出、主动奉献、主动合作、主动思考、主动节约，更会主动做好一切工作、主动为企业谋利、为企业着想。同时，也绝不会忘记为自己的前途，为自己的未来积极进取，不断超越，不断成功，直达最高的峰顶。

积极主动的员工不管从事什么工作，都不会轻率疏忽，满足现状；相反，他会在工作中以最高标准要求自己，能做到最好，就必须做到最好。永远不会说“我做得够好了”，而是永远高要求高标准地促使自己不断向前。

进取是一种处世的态度，更是前行的动力。具有进取精神的员工，永远都不会满足，永都不安于现状，永远拼搏，永远奋斗，从而激发出自己身上蕴涵的无限潜能，一直向着成功前进。

李涛是一家公司的老板，可是在三年以前他还只是一个普通的推销员。平时，李涛喜欢读书，有一次他在一本书上看到这样一句话：每个人都拥有超出自己想象10倍以上的力量，没有够好，只有更好。

在这句话的激励之下，李涛反省自己的工作方式和态度，发现自己错过了许多可以和客户成交的机会。于是，他为自己制订了一个严格的工作计划，每一天都按计划去做。

3个月后，李涛回过头看看自己的工作进展，发现业绩已经增加了2倍。数年以后，他便拥有了自己的公司，在更大的舞台上验证着这句话。

其实，整个世界都是竞技场，每一个人从出生那天起，就投入到了比赛中。比学习成绩，比工作成果，比事业成就，比家庭幸福……成功的人，总是那些不安于现状的人。

一个人如果有了进取精神，充满生气，就会积极向上；一个社会有了它，就会充满活力，就会大踏步地向前发展；一个国家有了它，就会国富民强，蒸蒸日上。大凡那些成功的政治家、著名的企业家、优秀的艺术家、杰出的科学家、创造纪录的运动员……都有一种一般人所没有的成功

动机，求上、求优、求高，高标准地要求自己，并且付出了常人难以想象的努力，使自己一步一步向目标前进。

在职场这个大竞技场上，无论你是什么角色，比如工人、农民、教师、老板、公务员……你都必须参与竞争。任何人都不能说“我与世无争，你们比赛去吧”，即使你放弃了比赛资格，也不等于就能够安安稳稳地生活。因为你不争，并不等于别人不争。所以，既然必须参与竞争，那何不勇敢地竞争呢?

※ 要想在职场中准确地给自己定位，就不要忘了给自己设定一个目标。有了目标的指引，我们才能清楚地知道自己要干什么，自己努力的方向在哪里，进而才能矢志不渝地朝着奋斗目标前进。

※ 该如何找回工作中的乐趣呢? 感觉到职业枯竭的人应该及时充电，靠更新知识来武装自己，提高自身实力。这样不仅自己心里有底气，用人单位也会重视，甚至有更好的工作机会主动找到你。

※ 进取是一种处世的态度，更是前行的动力。它让我们永不满足，永不安于现状，永远拼搏，永远奋斗，从而激发出自己身上蕴涵的无限潜能，一直向着成功前进。

第7章　散布有损老板形象和公司品牌的言论

为了抬高自己，有些职场人士会散布一些对公司不利的消息。不可否认，我们都提倡言论“自由”，可是，这种“自由”并不是搬弄是非，更不是给老板胡乱“抹黑”。猪八戒型的员工不是好员工，不是忠诚的员工。

贬低别人，抬高自己

工作中，总有这么一些人，喜欢当面或背后无中生有说老板的坏话，通过贬低老板来达到抬高自己的目的。殊不知，是非曲直自有评说，谬误重复千遍也成不了真理，贬低别人来抬高自己的人，最终只能是搬起石头砸自己的脚而已。

职场中，很多人都有一个通病，就是在闲暇的时候喜欢议论他人，但是千万要记住，议论也要分场合和对象。在午休时，或是在闲暇的时候与同事聊天，不注意说了关于上司和公司的坏话，说不定就会被谁听了去。结果传到了上司的耳中，上司对你的态度就会有很大的转变。

在工作过程中，每个人考虑问题的角度和处理的方式难免有差异，对上司所作出的一些决定有看法。在心里有意见，甚至变为满腔的牢骚，有时也是难免的，但就是不能到处宣泄。否则经过几个人的传话，即使你说的是事实也会变调变味，待上司听到了，便成了让他生气难堪的话了，难免会对你产生不好的看法。

古代，有个姓周的人家。家里没有水井，打水很不方便，经常要跑到老远的地方去打水，家里甚至需要有一个人专门负责挑水的工作。

有一天，周家人决定请人在家中打了一口井，以此来节省人力。很快，井就打好了，周家人非常高兴，逢人便说："这下可好了，我家打了一口井，等于添了一个人。"有人听到了这一句话，便添油加醋地说："周家从打的那口井里挖出个人来。"

这话越传越远，到最后全国人都知道。宋王得知这件事情后觉得不可思议，就派人来周家询问，周家的人吃惊地说："这是谁说的！我们挖了一口井，可以省去一个人的劳动，就像是添了一个人，并没有说打井挖出一个人来。"

这样的故事是不是很可笑？

就像上面的例子一样，如果你在同事间贬低上司的话传到上司耳中变成"打井挖出一个人来"，那么即使你努力工作，有很好的成绩，也很难得到上司的赏识。最好的方法就是在恰当的时候直接找上司，向其表达你自己的意见。当上司感受到你对他的尊重和信任时，对你也会多出一些信任；这比你处处发牢骚、贬低对方好多了。

如果你希望老板善待你，就不要说对老板不利的话。不要以为你对朋友说的话不会传到老板那里，也不要以为你说的话没有恶意就可以不必担心老板知道；如果透露和歪曲你的讲话可以给某些人带来利益，就一定会有人这样做向老板邀功请赏。你也许有足够的理由指责这种人是卑鄙无耻的小人，但避免这样的事最好的办法还是首先管住你的嘴。所谓"祸从口出”就是因为没有管好嘴造成的。

韩晓是个留美的博士，在国外也有过两年的工作经验。高学历加上高能力，让他成为很多企业争相聘请的热门人才。

经过一番选择之后，韩晓最终进入了一家著名的国企，设想自己可以大干一场。可是，三个月之后，韩晓竟然倍遭冷遇，在单位沦落到几乎无事可做。这在他30多年的人生经验中是从来都没有过的，韩晓感到自己快要崩溃了！

原来，韩晓虽然能力出众，却有一个致命的弱点，就是喜欢贬低他人，尤其是能力不如自己的领导！当他看到别人的问题时，每次都会直言不讳地给对方指出来，对下属如此，对平级的人，甚至领导也是如此！

下属听到他的批评，当然会改正；同级的同事可就不这么认为了，觉得韩晓是爱出风头，喜欢贬低别人抬高自己。虽然韩晓说得都对，同事也会按他的提醒进行改进，但是内心都很不满，背地里对韩晓意见很大。

有人劝过韩晓：“何必这样不给人留情面呢?”可是，韩晓却觉得这根本不是问题，以前他在国外读书、工作，有问题都是这样直接地指出来。当时的教授、老板都很欣赏他这一点呢。

有人说：“这是在中国，国情不同，企业文化不同，你还是注意点好。”可是，韩晓依然按照自己的想法来，没有多想。

渐渐地，韩晓在单位人缘就变得很差了。有人在背地里给他打小报告，韩晓知道后，却认为：“没什么。”直到有一天，他直接指出了一位领导的问题，结果……

其实，不管是对同事还是下属，提出负面意见都要慎重，当着大家的面公开说更是不妥当，给对方留些面子那是必须的！所以，正面的评价肯定公开说，负面的私下里沟通，这是最重要的原则。

一般来说，忠诚的员工都不会当着同事的面贬低老板，否则只会显得盛气凌人。当你指出老板的问题时，即使是能够帮到对方，是一番好意，

但是态度太直接，就会带来完全相反的后果。对方即使接受，心里也会感到不舒服，更加不会感念你的好意。

如果你打算在老板的手下干下去，就不要说老板的坏话，更不能贬低老板。

不能在同事间私下议论老板的是非，否则等于是为别人向老板打小报告提供材料。

不管做任何事情，都要把握好分寸：说话要有分寸，谈论事情要分场合，议论他人要看对象。说话办事，要量力而行。

试想，你连自己的嘴都管不住，怎么能管得住别人的嘴呢？在外人面前损毁自己老板的形象，并不是一件让你光彩的事。相反，如果你在别人面前对你的老板表示出特别的钦佩，那么别人就会对你多出一些羡慕。如果你认为你的老板实在没有什么值得肯定的地方，也不想说一些虚假的话，那就不要谈关于老板的话题。

有些人说：老板太坏了，我不说出来会憋出病来。如果事情真有这么严重，最好换一个老板。否则，老板迟早也会换掉你。因为老板跟你一样，不喜欢别人说自己的坏话。

作为下属，要正视自己与领导的关系。

首先，作为下级，你没有能力评价上司。上司领导的岗位是上司的上司确定的，是按照岗位职责的需求寻找合适的管理人员；同时，作为上司的上司领导，他的判断能力应该远胜过下级的下级的你。无论下属怎么评价，上司每年都能够及时完成自己的绩效管理的指标，就说明他是优秀的。所以，茶余饭后的闲聊，只能当做打发时间的一种方法，不能作为判断的依据。

其次，看人的角度要全面客观。职场中，很多人习惯拿自己优点和领导的缺点对比。其实，即使领导真的有些缺点，但这些缺点不影响其工作岗位的发挥，也不能作为管理者的缺点。今天，每个人的性格、受教育的环境、成长的经历都不尽相同，要用积极、客观的视角评价领导，这样才有意义。

最后，不要错误地认为把领导从管理岗位上轰下来，你就有机会取代他的位置。其实，从管理的角度来看，领导表现不行，一般都会认为整个部门都不行，不会认为领导不行。即使作为下级的你非常优秀，公司也会从其他部门调一位领导过来任职，并不会从一群比较差的下级中提拔干部。

作为下级，一定要时时刻刻记住，只有很好地配合上司开展工作，把本部门的工作一起做好，上司才有获得提拔的机会，你才更有机会。所以，作为下级的你，随时要为上司提供帮助。

不良的个性使然，管不住自己的嘴

职场中，既不能谈论自己，更不要议论别人。每天下班后和同事朋友喝酒聊天并不是一件好事，因为，这中间往往会把议论同事、朋友当做话题。背后议论人总是不好的，尤其是议论别人的短处，这些会降低你的人格。要管住自己的嘴巴。

在职场上“说话”也是一种艺术。很多时候，有些人吃亏就是因为没能管住自己的嘴巴。只要人多的地方，就会有闲言碎语。有时，你可能不小心成为“放话”的人；有时，你也可以是别人“攻击”的对象。要想成为一名忠诚的员工，就要懂得，该说的就勇敢地说，不该说就绝对不要乱说。

案例一：

张强大学毕业后考取了公务员，在国家机关做办公室文员。他性格内向，不太爱说话。可是，每当就某件事情征求他的意见时，他说出来的话

总是很“刺”人，而且总是在揭别人的“短儿”。

有一次，一位同事穿了件新衣服，别人都称赞“漂亮”“合适”之类的话，可当人家问张强感觉如何时，张强直接回答说：“你身材太胖，不适合。这颜色你穿有点艳，根本不合适。”

听了张强的话，当事人很生气，而且周围大赞衣服如何如何好的人也很尴尬。因为，张强说的话有一部分是事实，这位同事就是比较臃肿。

虽然有时张强也会为自己说出的话不招人喜欢而后悔，可是很多时候，他依然会说些特别让人接受不了的话。久而久之，同事们把他排除在了集体之外，即使遇到了问题也不会征求他的意见。

尽管这样，如果偶然需要听听他的意见时，张强依然管不住自己，经常会说一些别人最不爱听的话。现在，在公司里几乎没有人主动搭理他。

案例二：

霍家辉在一家知名外企公司工作。有一次，项目经理告诉他说：“我们打算给公司做一个宣传策划案，这个由你来做！”霍家辉很高兴，完全按照项目经理的意思加班加点，并顺利完成策划。可是，当策划案交到公司该项目主管领导那里，他却被狠狠批一通。

霍家辉不甘示弱：“这个方案是我们小组所有人讨论的结果，而且，我们项目经理也非常赞同，这个策划案60%都是项目经理的想法。”

可是，没想到领导直接把项目经理叫来了，当面对质。主管领导追问项目经理：“听说这都是你想的，就这种东西还能叫方案，还值得你们那么多人来集体策划？我看你这个项目经理还是不要当了。”

从主管领导的办公室出来后，霍家辉又被项目经理批评了一顿。项目经理告诫他：“以后说话前动点脑子，别把什么都说出去。”可是，霍家辉认为，自己没有说错什么，更何况说的都是实话。

案例三：

周欣是一家宠物杂志的记者，从小就喜欢小动物的她很庆幸自己能够选择一个非常合适的工作。因为喜欢和动物接触，所以周欣不仅工作努力，而且热情有加。

在一个月前，公司对一些成绩优秀的员工进行了升职加薪，人员名单中却没有周欣；而一个在工作热情和工作业绩上都明显不如她的人却升了职。

周欣知道，这个人的升值肯定得益于自己对主任的奉承。这个人平时总是像哈巴狗一样跟在主任的后面，周欣怎么也想不通，愤愤不平地对自己的一位同事说："主管提升人不是看谁有本事，不是注重人的才能，只把眼睛盯在会拍马屁的人身上。"

可是，这话说出去后没多久，周欣明显感觉主管对她另眼相待，并且时时在一些事情上压制她。年底，当周欣的合同快到期时，主管以单位人力资源部门对她的绩效考核不及格为由，没有与她续约。

案例四：

邓珊珊是一个性格开朗的女孩，来到新单位没多久，就成了办公室里的"开心果"。一天，她和同事下班回家，看见上司的车里坐了一个年轻漂亮的女孩。

第二天，邓珊珊就在办公室大声公布了她的新发现。两天以后，上司把她叫到办公室，告诫说："以后在上班时间少说与工作没有关系的事。"邓珊珊闷闷不乐地回到自己办公的地方，没有一个人过来安慰她。

后来，邓珊珊渐渐地发现，办公室里除了她，别人几乎很少说与工作无关的话，更别说提及别人或自己的私事了。只要邓珊珊不开口说话，办公室里几乎是死气沉沉的。邓珊珊不明白，为什么大家之间的关系那么冷漠，处事都那么小心谨慎。

上面的例子，在我们的职场中经常会出现。其实，在人际交往中有许多事情需要我们注意，尤其是在交谈的时候。

人们常说："多说多错。"是有一定的道理的。因为一旦闭不上嘴巴拼

命说的话，往往会很少动用大脑思考那些语句说出之后会对自己或对别人造成多大的影响。有一些事情，即使法律没有禁止你，你也不能到处去说，尤其是在职场上。

在办公室里，同事每天见面的时间最长，谈话可能涉及工作以外的各种事情，“讲错话”常常会给你带来不必要的麻烦。同事与同事间的谈话，如何掌握分寸就成了人际沟通中不可忽视的一环，一定要管住自己的嘴巴。

1. 不要和同事互诉心事

有许多爱说话、性子直的人，喜欢向同事倾吐苦水。虽然这样的交谈富有人情味，能使你们之间变得友善，但是资料显示：只有不到1%的人能够严守秘密。所以，当你个人遇到危机、失恋、婚外情等情况时，最好不要到处诉苦，不要把同事的“友善”和“友谊”混为一谈，以免成为办公室的注目焦点，给老板留下“问题员工”的印象。

2. 不要进行激烈的辩论

有些人喜欢争论，一定要胜过别人才肯罢休。如果你确实爱好并擅长辩论，那么最好把此项才华留在办公室外去发挥；否则，即使你在口头上胜过对方，也会损害了对方的尊严，对方可能从此记恨在心，说不定有一天他就会用某种方式进行反击。

3. 不要当同事的面炫耀

有些人喜欢与人共享快乐，但涉及你工作上的信息，比如，即将争取到一位重要的客户、老板暗地里给你发了奖金等，最好不要拿出来向别人炫耀。只怕你在得意忘形中，忘了有某些人眼睛已经发红。

改变思想观念，给上司留面子

有些人之所以喜欢散布有损于老板和公司的言论，主要是其思想在作怪！要知道，公司的荣誉与个人的荣誉是息息相关的，一损俱损、一荣俱荣。要想让自己活得“体面”，就要改变自己的思想观念。

不管在什么单位，一个人的地位越高，他的面子似乎就显得越重要。所以，一般来说，老板比员工更看重自己的脸面。

不管你的老板是严厉苛刻型的人，还是平易近人型的人，他们对于面子的重视程度是一样的，忠诚的员工就会时刻注意维护老板的尊严。

比如，在某些重要的场合出现口误时，生意场上被客户不留情面地批评时，领导至上的规矩受到侵犯时，在突发事件面前一时反应不过来时……当你跟老板一起遇到上面这些情况时，一定要冷静积极地处理，尽最大努力避免老板在众人面前现丑，从而保全他的面子。

李海是一家大型餐厅的服务员。一天晚上，李海当班，有几个年轻人来到餐厅用餐，点的都是高价位的菜品。这些人吃完饭后离开餐厅不久便又返了回来，说：“我们感到身体不适，怀疑饭菜有问题。”他们还提出了高额的赔偿要求，而且非要见老板。

餐厅的服务人员一边和他们交涉，一边让他们拿出是饭菜质量导致他们身体不适的证据来。由于对方言辞激烈，服务员很快就跟那几个人争执起来，眼看就要动起手来。

老板听到争吵后从楼上下来，看见这边有情况就走了过来，并问发生了什么事。服务员看看老板，又看看那几个凶神恶煞的顾客，一时不知如何是好。

这时，李海走过来，冷静地对老板说：“这件事与你无关，请走远点。

我这就去找我们老板。”那几个人接着嚷：“让你们老板过来，今天要是不给我们赔偿的话，就砸了你们餐厅。”

老板马上明白了，立即转身走开，从而躲过了这几个年轻人的纠缠。李海则假装去找老板，立马打电话报了警。警察很快就赶来了，查明了这伙人的底细，并对他们实施了拘留。

李海遇事镇静，在处理突发事件上分寸把握得很好，让老板避免了一次麻烦。通过这件事，李海给老板留下了非常好的印象，不久，老板就提拔李海做了餐厅的大堂经理。如果李海惊慌失措，眼睁睁地看着老板颜面不保而无动于衷，那么就可能给老板留下做事不利的印象，轻则以后得不到重用，重则被找个借口辞退。

在职场中，当你同老板在一起的时候，老板一旦处于丢丑的边缘，一定要积极应对，而不是“事不关己，高高挂起”。如果不能避免老板丢面子，就要赶快躲开；如果有可能保全老板的面子，就要冲上去挽救；即使保全不了老板的面子，老板也会理解你。如果你在危机面前无动于衷，束手无策，甚至幸灾乐祸地看老板的笑话，老板一定不会给你好果子吃。

有一次，一家公司在开年终总结大会。老板说：“今年，我们公司得到了长足的发展，进一步开拓了海外市场，到现在为止，我们的产品已经出口到28个国家和地区了。”

话音刚落，刚到外贸部工作一年的小丽就站了起来，焦急地纠正道：“李总，您刚才讲错了，那是去年的数字。现在我们的海外市场已达到了32个了。”

这时，全场哗然，突然的插话让正讲得眉飞色舞的领导措手不及，尴尬得不知如何才好。当着全体员工的面，出这样的差错，老板脸上有点挂不住了，于是后面的讲话草草敷衍了几句便结束了。

小丽的命运可想而知。虽然她的提醒是出于善意，尽管她说的都是事实，可是太不注重场合了。

让老板丢尽面子后，就会成为老板心中永远的痛！每个人都注重面子，尤其是在众人面前的时候，老板更是如此。如果老板犯了错，员工提出纠正是允许的，但纠正的时候要注意方式方法，注意给老板台阶下。只有这样，他才会欣然接受你的意见。

脸面代表的是一个人的形象和自尊，在职场，良好的形象有利于一个人获得成功，所以职场人士更看重自己的脸面。更何况，在很多时候，老板代表的是公司的形象，维护好老板的尊严，也就是维护了公司的利益。

相对于普通员工来说，老板更加成熟稳重，人生阅历比较丰富，经验相当丰富。但是，老板也是人，也有考虑不周的时候，也会碰见棘手的突发事件，所以，出现一些错误也在情理之中。采取适当的方法纠正领导的错误，同时维护领导的尊严和威信，是一种高超的学问，也是一种做人的美德。

※ 一般来说，忠诚的员工都不会当着同事的面贬低老板，否则只会显得盛气凌人。当你指出老板的问题时，即使是能够帮到对方，是一番好意，但是态度太直接，就会带来完全相反的后果。对方即使接受，心里也会感到不舒服，更加不会感谢你的好意。

※ 在办公室里，同事每天见面的时间最长，谈话可能涉及工作以外的各种事情，“讲错话”常常会给你带来不必要的麻烦。同事与同事间的谈话，如何掌握分寸就成了人际沟通中不可忽视的一环，一定要管住自己的嘴巴。

※ 每个人都注重面子，尤其是在众人面前的时候，老板更是如此。如果老板犯了错，员工提出纠正是允许的，但纠正的时候要注意方式方法，注意给老板台阶下。只有这样，他才会欣然接受你的意见。

第8章 满足于只做“听话”员工

“木偶”员工貌似忠诚，实则是愚忠。“孙悟空”才是最忠诚的员工。仅仅满足于听话，对老板或上司的话唯命是从，懒于动脑筋，早晚会被职场淘汰！

服从就是力量

服从是成功的第一步，忠诚的员工就在于服从。忠诚的员工会在总结的过程中，攻克一个个难题，适时地调整策略，为完成下一个任务做准备。这种服从美德，是一个人在职场上胜出的重要因素之一。

社会生活要求每一个人都要服从基本规范，任何一个群体，都要求其成员遵守一定的规章制度，完成其承担的工作任务，实现群体的目标，维护和谐的局面。

在团队活动中，如果每个人都去强调自己的个性，都去凸显自己的与众不同，当一项任务下来时，甲坚持这样做，乙坚持那样做，丙对甲乙双方的意见都不赞同，团队成员之间互不相让，那么，任务是无法完成的。

任何团队的统一步伐都是在个人服从集体的基础上进行的。服从是团队合作、步调统一的必然要求，是团结一致的第一步，是个性服从共性的需要，服从就是力量。

郭海峰是一位很有才华的员工，讲得一口流利的英语，在跟外商谈判中，经常会发挥举足轻重的作用。慢慢地，郭海峰就有些飘飘然了，对于那个个头比自己低，学历、水平和能力也没有自己高的上司就有些不以为然。

有一次，郭海峰和自己的上司跟一个外商谈业务。在聚会上，郭海峰得意地频频举杯，跟外商海阔天空地聊天。上司向他示意要将合同定下来，可是他却视而不见。结果，这个本来可以当时就拍板的合同搞砸了。

几天之后，郭海峰就被上司以一个无关紧要的理由辞退了。临走时，上司告诫他："即使你再有才华，也要服从团队的安排。"这时候，郭海峰才意识到，自己没有找准自己的位置。

忠诚的员工，不管在哪种场合都会以团队为中心，突出团队的地位。如果喧宾夺主，整个团队的原则就无法得到贯彻，行动也会落后于别人。

任何团队都不会容忍个体的存在，一个团队就像一个家庭，成员不团结就会有许多人乘虚而入。团队内部存在分歧，很快就会被竞争对手知道，竞争对手也会趁火打劫。所以，团队里，各成员都要在服从一致的基础上统一起来。

很多企业在用人时，不仅会看重员工的职业技能，更在意他们的职业素养。一个团结协作、富有战斗力和进取心的团队，必定是一个有纪律的团队。同样，一个积极优秀的员工，也必定是一个具有强烈纪律观念、善于服从的员工。

团队里，如果纪律贯彻不力，下级就会斗志松懈、纪律松弛；反之，团队的凝聚力、战斗力就会大大提升。一位管理者在谈到服从这个问题时，说："每次遇到员工不服从团队调配的情况，我都会采取一种与他人

十分不同的处理方法。我首先会和这个员工商量，采取哪些具体措施以改进工作。当我发现员工不遵守纪律、工作老出差错时，就会直接辞掉他！因为服从团队决定没商量。”

忠诚的员工，一般都有稳定大局的意识、顾全大局的境界、纵观大局的眼界、把握大局的能力、服从大局的觉悟。在任何企业中，个人都是团队的一分子，团队是把全体员工按照一定的方式团结起来的统一整体。没有个人，不可能有团队；没有团队，就不可能有个人，更不可能发挥个人的作用。

团队是一个统一整体，只有每个员工都团结起来，凝聚起来，团队才会有力量，才能保持旺盛的战斗力。个人的能力再强也强不过团队，如果个人脱离了团队，那将一事无成。个人必须服从企业和团队，不能凌驾于团队之上，只有服从团队，才能保持团队的团结统一，顺利完成团队的各项任务。

服从是对自由散漫的一种制约，对自己行为的一种约束，是自我管理不可缺少的一个重要环节。忠诚的员工一般都会放弃个人主义，抛开自我为中心，将个人的利益得失完全融入团队的价值中，做到个人服从集体、下级服从上司。

只有懂得服从的人，才是真正有使命感、有责任感的人；只有懂得服从的人，才能做到为人严谨、做事认真；也只有懂得服从的人，才能担当责任。

服从是一种内涵、一种态度，服从更是一种美德。对于命令，首先要服从，执行后方知效果；还未执行，就发挥自己的“聪明才智”，大谈见解和不可执行的理由，这样的人走到哪里都是不受欢迎的角色。

“服从”不是缺点，但太“服从”绝对不是优点

通常来说，老板都希望自己的员工能够“听话”。为了获得领导的好感，绝大多数的员工也都会非常“听话”。可是，要知道，“听话”虽然不是什么缺点，可是如果太过“听话”了绝对不会成为优点，反而会成为自己发展的一种羁绊。

服从是一种忠诚，很多人认为对老板绝对的服从就已经表示了自己的忠诚。然而，忠诚不仅体现在对自己的老板，更是对自己所在的企业。

老板之所以成为老板，并不是因为他是完美的，只是因为他在某些方面拥有过人之处，我们要像看平常人一样看待他，看待他的决定和决策，而不是盲目地一味追随。

每一个羊群中都有一只头羊，只要这只头羊在群羊之中，所有的羊都会毫无保留地跟随它，这便是羊的习性。

有一家牧户设有一个专门杀羊的屠宰场，但是，每次杀羊的时候他们都非常苦恼。杀羊虽然不是很困难，可是如何将羊赶进血腥味十足的屠宰场内却是一件令人感到头疼的事。后来，有人发现，只要让头羊走进去，所有的羊都会乖乖地跟着头羊毫不反抗地走进去，即使走进去的是平时令它们闻风丧胆的屠宰场。

于是，牧户就在屠宰场的另外一边开了一个小门，并训练了一只头羊。每次，这只头羊带领着新的一群羊走进屠宰场之后，它便从另外一个小门里走出来，而被关进屠宰场的羊群面临的将是残酷血腥的大屠杀。

这只头羊在毫不知觉的情况下，一次次带领新的羊群走进屠宰场，而羊群对这只头羊依然毫无保留地跟随。

悲剧就这样一次次地重演着，所有的源头只是因为羊群的盲目服从，

它们的追随完全没有自己的分寸和尺度。正是因为这种盲目的追随、盲目的信仰、盲目的忠诚，那只头羊才可以一次又一次地把自己的追随者带入屠宰场，遭到牧户的残杀。

同样的道理，职场中，老板决策失误受损失的不只是老板自己，同时被损害的还有员工的饭碗。当知道老板的错误决策，却没有及时地提出，也是对老板、对企业的不忠诚。忠诚不是永远都对自己的老板或者上司说“是”，那样不是忠诚，只是愚忠。

一家保险公司的一个员工想请董事长写一封介绍信，以便结识各企业高级经营人员，开展保险业务。当员工说明来意后，董事长没好气地反问：“什么？你想要求我作介绍保险对象这种玩意儿吗？”

员工听后，并没有惊慌失措，而是平静地说：“董事长一直教育我们说保险是正当事业，我们应该为这项事业努力奋斗，请您能予以支持。”

董事长从他不卑不亢的话语中欣赏到他遇事不盲从的优点，认为他是一个尽职的人才，于是决定重用他。

服从比什么都重要，但服从不是盲从，我们要抱着对老板负责的态度去执行。如果你只是一味地服从而不知道其中的负责，就会让自己变得毫无主见。

盲从者会给人留下遵守纪律、乐于服从的印象，可是在许多情况下，这种服从给人的感觉便是难当重任、不能创造性地工作、不能独当一面地成为上司的得力助手。所以，要想使自己成为一个对上司有用甚至无法离开的人，就要尽量避免这种软弱的表现。

诚然，盲从在某种意义上可以明哲保身，也有一些老板喜欢“跟屁虫”似的人物，但从长远看，这绝不是什么进取之道。大量的事实告诉我们，能够替老板解决问题，老板才不会忽视你。尤其是在竞争激烈的公司，老板更需要听到不同的声音，博采众家之长战胜对手。

在服从的时候，在尊重老板权威的时候还要注意对老板负责。唯有长时间如此，你才能得到老板的信任，使老板委以你重任，让你独当一面。如果你只是不动脑子，一味接受指示、一味地执行，不分对错，即使会得到一时的赞赏和鼓励，却永远只能做个底层的员工。

只有建立在独立思考之上，“听话”才有价值

为了获得老板的赏识，进而赢得加薪和晋升的机会，绝大多数的员工都会对老板忠诚。可是，忠诚应该有个限度，超过了限度就是盲从。只有建立在独立思考之上，“听话”才会更有价值！

张鹏举是一家设计公司的食品包装设计师，参加工作没多长时间，就受到了老板的重用，成为设计部的经理。经过多年的历练，张鹏举设计出来的产品包装非常出名。可是，后来，因为公司经营不善，面临很大的危机。

这时候，有些有名的设计公司就想出高薪把张鹏举挖走，可是都被他拒绝了，他说：“我刚入这一行的时候，是老板发现了我，并给我机会，如果不是这样，我还只是一个默默无闻的小设计师。现在公司出了问题，我要留下来帮老板渡过难关。”

一段时间之后，公司终于谈到一个可以挽救公司的大项目。老板非常重视，经常都会到设计部看看进展。这天，老板看到他们的设计，非常不满意，非要把包装的颜色改成蓝色。由于张鹏举不在现场，其他下属不敢逆老板的意，只能把颜色改成了蓝色。

第二天，张鹏举来到公司之后发现了这种改变，便找到老板，和他据理力争，一定要把颜色改回来。老板很不高兴，可是想到现在公司还离不开张鹏举，只好答应他改回颜色。

设计终于完成，客户看到这个设计非常满意，称赞他们不但设计做得

好，连颜色也运用得很恰当。这个时候，老板才觉得张鹏举是对的，对张鹏举心服口服。

如果你遇到张鹏举的这种状况，也许在老板很不高兴的时候就立刻妥协了。可是，张鹏举没有，他对老板很忠诚，在公司最艰难的时候也没有离开。可是，他也有自己的主见和看法，在老板不高兴的时候依然坚持自己的见解，结果他赢了，不但赢得了订单，更重要的是赢得了老板的绝对信任和绝对尊重。

在职场中，一个真正忠诚的下属不能是只应声虫，也不是马屁精，而是一个有自己独立思考，并且把公司当做自己的公司，把老板当做自己的合伙人的人。也只有这样的人才会得到老板的高度信任，最终变成老板离不开的人。也只有达到这个境界，你才能在职场上平步青云，得到不断晋升的机会。在惠普就有这样一个忠诚的工程师：

美国的惠普实验室致力于研究示波器技术。几年以前，在惠普实验室有一位聪明能干、积极努力的工程师查克豪斯。有一次，查克豪斯正在研制一种显示监视器，突然接到通知，上司研发经理让他放弃这个计划。

查克豪斯并没有理会经理的指示，抓紧时间弄好了模型。在去加利福尼亚度假时，查克豪斯沿途还向顾客出示了这种显示监视器的模型，不仅了解到了顾客的真实想法，还掌握了这种产品的不足之处。看到顾客们的反应很不错，查克豪斯决定继续进行这种产品的研制。

可是，查克豪斯返回科罗拉多后，总经理却要求他立刻停止这项工作。查克豪斯觉得，自己的这种产品可以带来极大的收益，便说服研发经理把这种监视器投入生产。结果，当这种新型的监视器投入市场后，销售量达到了17000台，为公司赚了3500万美元。

几年以后，在惠普公司的一次工程师大会上，总经理给查克豪斯颁发了一枚奖章，奖励他是“超乎工程师的正常职责范围，表现异乎寻常地藐视上级指示”。查克豪斯却认为：“我并不想藐视上级或者不服约束，我是诚心诚意想使惠普公司获得成功。”

查克豪斯的例子再一次说明，忠诚并不是绝对服从！当老板向你下达任务时，要学会分析辨别，哪些是必须执行的，哪些是要坚决拒绝的，然后去做正确的事，这样才不会犯错误，影响自己的前途。

既然在职场中忠诚和主见都非常重要，那么要怎样做才是既忠诚又不会失去自己的主见？

1. 老板要求的事要尽快完成

任何一个老板都不喜欢看到自己的员工拖拖拉拉，所以要表现出对老板的忠诚，就要尽快完成。一旦是老板安排的事情，就要在最短的时间里认真完成。

2. 如果老板有错，要马上说明

老板也是人，当然也会犯错，可以在适当的时候给其指出来。可是要记住，一定要注意说话的方式，不要让老板觉得你在指责他。

3. 将光辉放在老板头上

一旦取得了成绩，要将成绩归功于老板。虽然老板不一定在意那么一点点好处，可是却很在意你的忠心。

4. 时刻把公司的利益放在最前面

如果你认为老板的决定会损害公司的利益，一定要提出来。如果老板还是坚持已见，那么你应该把损失降到最低。

5. 不要草率接下任务

有的老板比较威严，整天板着脸，胆小的员工感到战战兢兢，老板一

安排任务就慌里慌张地接受；有的老板恰好相反，平易近人，让员工对分配的任务很难说出一个“不”字。无论面对哪一种老板，都要冷静地应对，在没有充分考虑的前提下不要草率地接受任务。

6. 对于老板的指令要懂得权衡

在接受老板安排的任务时，要进行冷静的思考，权衡利弊。如果确实该做，就毫不犹豫地去执行；如果是不应该做的，并且对自己贻害无穷，就要想方设法拒绝。

※ 很多企业在用人时，不仅会看重员工的职业技能，更在意他们的职业素养。一个团结协作、富有战斗力和进取心的团队，必定是一个有纪律的团队。同样，一个积极优秀的员工，也必定是一个具有强烈纪律观念、善于服从的员工。

※ 职场中，老板决策失误受损失的不只是老板自己，同时被损害的还有员工的饭碗。当知道老板的错误决策，却没有及时地提出，也是对老板、对企业的不忠诚。忠诚不是永远都对自己的老板或者上司说“是”，那样不是忠诚，只是愚忠。

※ 在职场中，一个真正忠诚的下属不能是只应声虫，也不是马屁精，而是一个有自己独立思考，并且把公司当做自己的公司，把老板当做自己的合伙人的人。也只有这样的人才会得到老板的高度信任，最终变成老板离不开的人。

第 9 章　不愿分享自己的见解

职场中，很少有人会全身心地投入，除非这个公司是自己的或者与自己有极大关系，才会真心为这份工作投入。因为每一个人做事时都不愿和他人分享自己的见解，习惯“留一手”。其实，不管是出于什么样的想法，“留一手”都不是忠诚的表现。

不要担心“本事”被别人学了去

人在职场要懂得与同事“有本事同享”，否则，会给自己职场的发展带来不利影响。每个职场中人都应该记住，当你有了某项本领后，一定不要独享这份本领，应该和周围的同事一起分享。这样，你才会成为职场中受欢迎的人。

中国有句古话，“教会了徒弟，饿死了师傅”，丰富的经验对于有些行业来说更是如此。在带徒弟的时候，有些师傅会跟下面的徒弟说：“我不可能将所有的东西都告诉你，我的这些东西的获得花费了自己很多心血！”其实，这样做是不可取的！

周晓萌和丽萍是同时进入一家大型公司的员工。周晓萌在行政部，丽萍在策划部。经过两年的努力，周晓萌和丽萍分别是各自部门的部门经理。但是，她们俩对待下属的态度却差别很大。

周晓萌虽然负责的是行政部，但是，他们的部门也兼着人力资源部的功能，公司招聘新员工时都是周晓萌面试。关于面试，周晓萌很有办法，她有很多技巧，善于从应聘者的一些细节来判断求职者的为人处世及工作能力，给公司招聘的员工素质很高，大大节省了公司的招聘成本。

但是，招聘面试的时候，周晓萌根本不让下属过多地涉及，更不会指导他们怎么做。她担心下属在“实践”中迅速成长起来，对自己造成威胁。周晓萌要让自己长久保持在部门的核心价值地位。

与周晓萌相比，丽萍就显得有点“没心没肺”了。她把自己在工作中摸索和积累的宝贵经验毫不保留地教给了下属，结果，几个下属工作能力进步非常快。如果丽萍请了事假或者病假，部门的工作丝毫不受影响，也就是说，这个部门有没有丽萍都能正常运作。

周晓萌感叹：“丽萍真是太傻了，不给自己留些工作方面的撒手锏，不是让自己在公司里地位不稳吗?”

后来，随着公司的发展壮大，董事长准备提拔一个副总。周晓萌觉得，自己刻意“经营”，很多重要的工作都离不开她，她这么重要，应该能得到董事长的重视和提拔。可是，任命宣布后，周晓萌很是吃惊：公司居然把丽萍提拔为副总。整个部门离开她都能正常运转，这么一个体现不出重要性的人居然被重用，真是太奇怪了！

周晓萌情绪低落，工作也没了兴趣，招聘时看谁顺眼就让谁通过面试。很多员工连试用期都通不过，公司在大型招聘网站上继续打招聘广告，花了不少冤枉钱。

董事长很快就看出了周晓萌的消极情绪，于是找她谈话。董事长说：“这次提拔，我开始考虑的是你，毕竟你把公司的行政和人事工作都做得很好。可是，你没有培养出骨干下属，你们部门离开你能行吗？丽萍就不一样，她把几个下属培养得工作能力很强，个个都能独当一面。把丽萍提拔上来，我立刻就能从她部门里找到继任者。在工作能力方面，你和丽萍一样，都是公司的骨干，但是，在培养人才方面，你显然没有丽萍做得好……”

从董事长办公室出来后，周晓萌非常惭愧，她明白是自己的私心害了自己，洞察力很强的老总一定看出了这一点，觉得她的思想觉悟不能胜任更加重要的工作。

在职场中，不要担心自己的“本事”被别人学去了，应该放远眼光，精心地培养下属或者培养新同事，因为只有有了合适的继任者，老总才能将你提拔重用。无私地为公司培养人才，才能显示出自己的忠诚和做人的气度，这样的人，才能获得老总青睐，安排到更加重要的位置。

在交流碰撞中增长见识

团队中，出现不同意见不可避免。如何面对和自己不同的意见呢？那就是，多交流，不断增长知识。如果将自己的意见藏起来，就会失去一次相互学习的机会；只有通过不同的沟通，才能实现知识的不断增长。

在职场，忠诚的员工一般都有“变意见为宝贝，变批评为教益”“用别人的意见来改造或完善自己”的思维和心态。忠诚的员工往往都是真才实学的人，他们总是虚心听取所有人的意见，从别人的意见中吸取营养，从别人的意见中充实提高自己。

古代魏徵为人耿直，经常会向唐太宗提出一些治国建议，对唐太宗的一些命令也敢大胆质疑。后来，唐太宗干脆任用魏徵为谏议大夫。

谏议大夫的职责是专门向皇帝提意见，这是个很奇特的官，既无足轻

重，又重要无比；既无尺寸之柄，但又权力很大，而这一切都取决于谏议大夫的意见皇帝是否采纳。虽然有时候魏徵会把唐太宗搞得很恼火，但其大多数意见，唐太宗还是接纳了。

有一次，唐太宗虚心地问魏徵："明君和昏君怎样才能区分开？"魏徵说："兼听则明，偏信则暗"。说完这句话之后，他又举了历史上正反两方面的例子加以论证。

他说："古代尧、舜是圣君，他们能广开言路，善于听取不同意见，小人不能蒙蔽他。而秦二世、梁武帝这些昏君，住在深宫中，隔离朝臣，疏远百姓，听不到百姓的真正声音。直到天下崩溃、百姓揭竿了，他们还不知道。"

在魏徵去世后，唐太宗感慨地说："夫以铜为镜，可以正衣冠；以古为镜，可以知兴替；以人为镜，可是明得失。"

在古代，皇帝具有至高无上的权力，如果能用别人的意见来改造或完善自己，那绝对是一件非常难得的事情。在这方面，唐太宗李世民与谏臣魏徵为后世树立了一个典范，这也说明了，虚心的人总是能把别人对自己的看法毫无保留地吸取。这不仅可以得到别人的尊重，还可以增加与提意见的人之间的交情，何乐而不为呢?

在工作中，遇到别人和自己意见不一致是常有的事，不同的心态和处理方式产生的结果却大相径庭。那么如何来解决不同意见，避免发生争执呢?

1. 不要在不值得争论的事情上浪费时间

每个人的经历、成长环境、价值观等都是不同的，产生不同意见是很正常的。在一个团队里面，为了达到共同的目标，应该抱着求同存异的态度。如果这件事对工作没有什么影响，比如，办公用品摆在哪里更好等问题，就没有必要争执。为此非要争个高下，不仅浪费时间，还会耽误了更重要的事。

2. 允许别人发表不同意见

遇到别人与自己有不同意见，而这件事又值得讨论的时候，要平和地听对方阐述原因和想法，不能对方一说不同意就不让人家说话了。否则，不利于找到问题所在，而且容易产生对立情绪，下面的发言容易失去理智。

3. 对事不对人

很多人有一种误区：别人不同意我的观点就是和我过不去，就是为难我！被别人否定了观点之后觉得很没面子，甚至像受到侮辱一样。其实，当我们把观点和个人分开来看的时候，会发现自己一下子理智了很多，讨论起来也会更心平气和。一个人的意见和见识毕竟有限，只有放开胸怀才能开阔眼界，收获更多观点。

4. 不要把别人“打倒”

有些人意见相左就要人身攻击，要不就假借民意搞倒别人，这是缺乏自信的表现，最后会导致恶劣的后果。如果要攻击别人，先要想一下自己是否能承受别人的反击。而这样的几个回合下来，多半是两败俱伤。

5. 有承认错误的勇气

如果在争论的过程中不小心冲撞了对方，或者误会了对方，在同样的场合要向对方道歉。道歉并不是一件丢人的事，如果你的道歉是真诚的，不仅会收获尊敬，还会收获友谊。

修正价值观，以“献计献策”为乐

碰到“进而不纳”的情况，很多领导都会抱怨说：“能遇上一个积极献策的员工就好了。”这几乎成了所有领导的一种传统的、固定的思维模式。员工要引以为戒，不断修正自己的价值观，因为积极地献计献策往往能给我们带来新的出路。

李成熬了几天夜，花了很多心思，终于做出了一份企划书，并很快将它呈递给了部门经理。可是出乎意料的是，这份可行性极高的方案被经理二话不说地“枪毙”了。怎么会这样？

满腹怨气的李成冲到经理办公室，像机关枪一样把自己的观点和计划从头到尾“突突”了一遍，可是，对方依然不为所动。看着“不开窍”的上司，李成有气没处发，只好嘟囔着离开经理办公室。

向上司或决策者贡献自己好的建议与计划，是每个员工应尽的职责。可是，在献计献策的时候，经常会遇到不受重视、不被采纳的苦恼。尤其是当一个经过自己潜心研究、周密思考，确信是一个非常合理、非常优秀的建议和计划被上司断然拒绝的时候，苦恼会更强烈。

碰到这种“进而不纳”的情况，有些人会抱怨说：“能遇上一个知人善用、从谏如流的上司就好了。”其实，在向领导献计献策的时候，要掌握一定的方法和技巧，如果方案没有通过而直接与上司发生正面冲突，是一点好处都没有的。

下属与上司打交道的时候，难免因为认识水平、处理问题的方法等的不同，产生一些矛盾和分歧。这种情况下，下属向上司提出不同的意见和建议时，必须站在领导的角度去思考，去献计献策。

有一家火锅企业一直希望通过加盟连锁形式来做大做强，于是找来一家专业的咨询公司。可是，三个月下来，对于公司的企业文化都没有破题。

作为公司加盟部经理，王强看在眼里，急在心里。王强本来是胸有成竹，但是他不能在不对的时机献计献策，因为他知道：当领导把信任投给咨询公司时，你的建议会被他们淹没；只有当他们无计可施时，你站出来贡献智慧，才会被领导重视。

后来，等到咨询公司无计可施时，王强向领导贡献了一种独到的企业文化理念和加盟策略，一举赢得了领导的高度重视。

公司的加盟效果特别明显，公司在不到一年时间加盟了300多家企业。领导终于明白了，什么叫“七步之内必有芳草”的道理，从此把王强作为知己。

要想获得职场的成功，最终需要实力说话。如果你做人好，加上有本事，领导一定会视你为心腹。向上司、决策者贡献自己好的建议与计划，是我们每个人应尽的职责。那么，如何来献计献策呢?

第一，向上司献计献策的场合、时机及动机要正确。

第二，要营造亲切友好的气氛，使上司能心平气和地听取你的建议。

第三，要更多地从单位和工作的立场出发，不顾私利，才能容易让上司接受。

第四，千万不能当面顶撞和反驳上司，以免挫伤他的尊严和权威。

第五，多与上司交流，把握他的心态，减少献策失败的可能性。

※ 在职场中，应该放远眼光，精心地培养下属或者培养新同事，因为只有有了合适的继任者，老总才能将你提拔重用。无私地为公司

培养人才，才能显示出自己的忠诚和做人的气度，这样的人，才能获得老总青睐，安排到更加重要的位置。

※ 遇到别人与自己有不同意见，而这件事又值得讨论的时候，要平和地听对方阐述原因和想法，不能对方一说不同意就不让人家说话了。否则，不利于找到问题所在，而且容易产生对立情绪，下面的发言容易失去理智。

※ 下属与上司打交道的时候，难免因为认识水平、处理问题的方法等的不同，产生一些矛盾和分歧。这种情况下，向上司提出不同的意见和建议时，必须站在领导的角度去思考。

第3部分

不忠诚的“理由”都是错的

凡是不忠诚的员工，总有不忠诚的理由。不过仔细分析这些理由，其实都是没有说服力的，都是站不住脚的。最终，只能是搬起“理由”砸自己的脚。

第10章 “不公平”

许多时候，“不公平”往往是由于曲解、误解和不正确的观念产生的强烈的负面感受。如果自己仅凭一时的冲动而做出不当的举动，到时候，后悔都晚了！

不苛求，世上没有绝对的公平

一味追求公平往往不会有好结果，“追求真理”的正义使者也容易讨人嫌，有时候，你所知道的表象，不一定能成为申诉的证据或理由：你做的不一定就是你的，职场里没有绝对的公平，消除不公平带来的障碍，努力表现，总会以另一种方式回报于你。

职场中，我们常常会看到这样的现象：没有能力的人身居高位，吆五喝六，有能力的人不被重视，忙来忙去；拿着高工资享受着优厚的待遇是少做或者不做事的人，而真正做事的人却只能拿到一份微薄的薪水；同样的一项工作，你做好了，老板不但不表扬，还要对你百般挑剔，横加指责，而别人把事情做砸了，却会得到老板的安慰和鼓励……

每次遇到这样的事情，很多人都会感到愤怒："这简直太不公平了！"可是，要知道，世上没有绝对的公平，职场更是如此！

进入公司很长时间了，姚笛一直非常努力地工作，可是老板总是对他挑三拣四，不给一次好脸色。

有一次，姚笛和另外一个同事一起负责一个项目，整个过程中几乎都是姚笛在忙，而另一个同事因为是老板的亲戚不怎么好好表现。

这个项目取得了很大的成功，可是到了每周例会时，上司只表扬了那个同事而忽略了姚笛，这让他心里很不痛快。到了年终，姚笛也同样没有评上先进工作者，即使他做得最好。姚笛不知道老板为什么这样对待他，他觉得简直太不公平了！

公平，这一个词语让很多的职场人士感觉到深深的伤心和无奈。事实上，在这个世界上是没有绝对公平可言的，越想寻求绝对的公平，就会越觉得自己受伤了。当然，这个世界也没有绝对的不公平，如果能够换种角度看问题，你会发现这也是一种磨炼。

有时候，在职场中的某些不公平，会牵扯到老板的隐私或者不想让别人知道的秘密。如果不明所以，就向老板抱怨，要求公平，无意中，就会把老板给得罪了。

赵娜娜刚进公司做计划部主管时，除了工资，没有享受过其他待遇。一个偶然的机会，她得知行政主管孙俪的手机费竟实报实销，这让她很不服气。孙俪每天都坐在公司里，从没听她用手机联系工作，凭什么就能报通信费？不行，她也要向老板争取。

于是，赵娜娜借汇报工作之机向老板提出申请，老板听了很惊讶，说："后勤人员不是都没有通信费吗？""可是，孙俪就有呀！她的费用实报实销，据说还不低呢。"

老板听了沉吟道："是吗？我了解一下再说。"可是，这一了解就是两个月，按说老板不回复也就算了，而且赵娜娜每月才一百多元钱的话费，

争来争去也没啥意思。可是，赵娜娜偏偏就和孙倆较上劲了，老板却没有任何动静。

赵娜娜感到很生气，忍不住和同事抱怨，却被人家一语道破天机：“你知道孙俪的手机费是怎么回事吗？那是老板小秘的电话，只不过借了一下孙俪的名字，免得老板娘查问。就你傻，竟然想用这事和老板论高低，不是找死吗?”

赵娜娜吓出一身冷汗，暗暗自责不懂高低深浅。怪不得老板见了自己总皱眉头。从那以后，她再也不敢提手机费的事了……

故事中的赵娜娜就是一味追求职场公平，差点让自己陷入无法挽回的地步。职场中，这种不公平是存在的，隐藏在职场的方方面面。一味追求职场公平，是很不理智的，容易让自己陷入误区，甚至会在追求公平的时候把上司给得罪了。

对于职场上种种不公平的现象，不管你喜不喜欢，都必须学着接受现实，而且最好主动地去适应这种现实。追求公平是人类的一种理想，但正因为它是一种理想，所以现实中达不到那样的高度，除了适应别无选择。

不管你在学校成绩多么优秀，多么有才能，当你进入职场之后，你与其他的人并没有什么不同，只是一个普通的职员而已。作为职员，工作中遭遇到不公平的事是很正常的，与其一味在那儿怨天尤人，不如化委屈为动力，表现得更加优秀。

在处理冲突的问题时，要运用自己的智慧来尽量与老板合作，让领导发现你是个顾全大局的人，从而给自己创造一个良好的工作空间，推动自己的职业发展。我们必须把自己从负面情绪中解救出来，这样才会有精力决定和思考怎样为目标而努力奋斗。

勇敢地接受考验，从而让自己变得越加坚强，越加坚不可摧，相信自己总有一天会迸发出让人无法忽视的光彩。面对别人给你的“不公平待遇”，要忍辱负重，暗自修炼。这种不屈服的信念是一种激励自己英勇拼搏的外在推动力量，也是磨炼你坚强上进个性的第一步，更是你能成就大事的关键所在。

平常心看待，淡定面对职场“不平事”

世界上从来就没有公平的理想国，只有幻想公平的乌托邦，人生从来就是不公平的，职场更是如此。作为一个成熟的职场人，要时时刻刻明白这一点，以平常心来面对职场中的“不平事”，逐渐改变自己的生活和工作，通向成功的彼岸。

在家人、朋友或同事中，我们常常能够看到种种“不公平”的现象。的确，不公平的现象确实存在。可是，抱怨、愤恨也无济于事，生活还得继续。要想成功，就要给自己制定一个明确的目标，并用热切的渴望、积极的行动去实现它，而不是一味地去抱怨世界的不公。

世事没有百分之百的公平，一味地追求公平只会让人心理失衡；一味地为了公平去争斗，只会让我们失去更多，远离自己的目标。而且，有时候，我们所认为的不公平，只是因为我们所处的位置不同，看待问题的出发点不同。因此，就更要放宽心了。

一个农场的葡萄熟透了，如果当天不把葡萄全部摘完，葡萄就会烂掉。农场主自己不可能在一天内把葡萄全部摘完，于是，他就到市场上找了一群人，对他们说，“如果你们能在今天帮我把葡萄全部摘完，我就给你们每人一枚金币。”这群人听后非常高兴，就到葡萄园里摘葡萄。

中午的时候，农场主发现没摘的葡萄还有很多，看情况这些人不可能在天黑前把葡萄都摘完。于是，农场主又到市场上找了一群人，对他们说：“如果你们能在今天帮我把葡萄全部摘完的话，我就给你们每人一枚金币。”这群人听后，兴高采烈地到葡萄园里摘葡萄。

可是，到了下午2点钟的时候，农场主发现这批人虽然非常卖力地摘葡萄，但他们还是不可能在天黑前把葡萄全部摘完。

于是，他又到市场上找了一群人，对他们说，“如果你们能在今天帮我把葡萄全部摘完的话，我就给你们每人一枚金币。”这群人听后，也非常高兴地到葡萄园里摘葡萄。

当日落西山的时候，葡萄终于全部摘完了。农场主先把最后一批人叫过来，给了他们每人一枚金币，这群人高兴地走了。他又把第二次招来的人叫过来，每人给了他们一枚金币，这群人并没有表现得非常高兴，但没有说什么，也走了。

当他把第一次招来的人叫过来，给了他们每人一枚金币的时候，这些人不高兴了，他们说：“为什么我们干的活儿比后来的这些人多，但给的钱怎么都是一枚金币呢?”

职场中，很多人都会出现类似这样的体会。事实上，所谓的“不公平”感，其实是来源于与自己的劳动和报酬无关的其他人，是我们觉得人与人之间不公平。

背景、生长环境、受教育程度不同的人，对公平的理解也会有所不同。其实，公平只是相对的，不是绝对的，认识到这一点，也就不会去千方百计地追求百分之百的公平了。只要以平常心对人对事，就会获得自己内心的平静和愉悦。

不能因为月缺，我们就说月球不是圆的；不能因为日食，我们就说太阳不是永恒的。任何一天都有好与坏，没有哪一天、哪种环境是百分之百的“好”。职场中，我们之所以常常会抱怨不公平，是因为我们对自己的处境总是抱着一种悲观、抱怨的看法，而不是一种乐观、快活的看法。

自从到这家单位工作以来，丽梅就一直非常努力地工作，可是不知道为什么上司老是不给她好脸色看。

有一次，她和另外两个同事一起做好了一个项目，可是到了每周例会时，上司只表扬了那两个同事而漏了她。虽然她并不指望得到什么，可是心里还是感到不痛快。

到了年终，虽然丽梅的业务成绩一直都名列前茅，可是照例评不上先进工作者，最后她终于忍不住去问老板是如何评选先进工作者的，老板说：“这要看综合实力，不是只看业务成绩。”

对于老板不痛不痒的回答，丽梅无话可说。但她实在想不明白，为什么上司对待员工会如此的不公平？

其实，丽梅遇到的就是办公室里很常见的不公平的现象。上司不喜欢丽梅，或许是因为她的性格，或许是因为她的能力有“功高盖主”之势，但也或许只是因为单纯地看她不顺眼、听她说话不习惯……

小时候我们总是觉得这个世界是公平的，只要你付出了，就会有回报。可是当你进入职场就会发现，不公平的事情随处可见。身处职场，不能要求绝对的公平，过于执着只会让自己心里承受巨大的压力。

世界上没有绝对的公平，所以当我们生气地咒骂办公室的不公平的时候，不妨换一个角度来想，为什么我会遇到不公平？发现原因，再去改变它，岂不是比你怨天尤人好很多？

面对不公平，我们的态度应该是：坦然面对它！努力适应它！力争改变它！这才是一个成熟的职场人应该具有的态度。

虽然面对办公室里的不公平，我们不可以抱怨，但我们是不是除了无可奈何就什么都不能做了呢？不是，我们能做得还很多。

1. 不必过于苛求

要知道，阳光公平地洒向大地，却还是有地方被阴影覆盖。公平是一种理想状态，但却不总是存在，过于苛求公平的人只是自寻烦恼。

2. 让自己成熟起来

总有人觉得，自己埋头苦干却没有那些“溜须拍马”的人得到的多。其实这是一种职场生存的技能，只是你没有学会而已。

3. 将不公平当做公平

当你觉得自己没有评上优秀员工的时候，为什么不多找找自己身上的原因，也许是某一点小小的因素掩盖了你的努力。

以“主观努力”争取“客观公平”

许多员工认为，只要做好大的事情就好，一些小事情简直微不足道，就算马虎一点也不会造成多大损失。但积少成多，积小成大，一些不值一提的小事，很可能会影响自己在老板心目中的形象，影响自己的晋升。要想争取客观的公平，自己就要多一些主观的努力！

职场中，经常会遇到不公平的现象，比如，工作上受到歧视，观点或意见遭到上司刻意忽视，工作上的相关信息及决策被刻意隐瞒，别人对自己的态度缺乏真诚或差别待遇……职场中，这样的事情有很多。其实，人的困扰是来自双方面的，忠诚的员工都会积极调整自己的心态，用好的心态来面对不公平，提升自己的能力，壮大自己，降低今后遭遇不公平的可能性。

1. 从小做起，从细做起

每个人所做的工作都是由一件件小事构成的，把每一件小事做好，才能体现出自己的责任感。工作无小事，认真对待每一件事，固守自己的本分和岗位，就是作出了最好的贡献。

每一件事的每一个过程都成就了另一个过程，而只有把小事做好的人，才能铸造完美的细节，成就我们人生的大事。有句英文老话说：“恶魔藏在细节里”，就是指小细节往往容易让人忽略，而造成事情功亏一篑。

忠诚的上班族一般都不会忽视各式各样的“细节”，因为你不管它，它就会来管你！人们常说，播种行为，收获习惯；播种习惯，收获性格；播种性格，收获命运。一个职场好习惯，拥有让你成长得更快的强大力量。

2. 把自己的时间调快五分钟

把手表、手机、电脑、挂钟……身边一切的计时器的指针往前轻轻拨动五分钟，你就会发现，早上上班的时候再也不用顶着一头乱发气急败坏地冲向打卡机，再也不会出现拉开会议室的门发现领导已经端坐在里面等你的尴尬，去拜访客户再也不用一边赶路一边整理领带或是补妆……

一天依然是24小时，工作量依然不变，可是有了这五分钟，自己的工作和心境就会从容、自信很多。

3. 使用工作安排表

职场中“忙”声一片，办公桌、电脑桌面上，也堆满了文件、报表，一片繁忙景象。多头绪的工作、各种各样的临时任务，总让人感到疲于奔命，却又收效甚微。

其实，只要在头一天或当天花五分钟，写一张工作安排表，按轻重缓急列出工作任务，设置好提醒，就能让工作一环接一环，有条不紊。

4. 早、中、晚静思十分钟

古人说得好，“一日三省吾身”。这是人生的大智慧，同样适合职场中

使用。每天给自己一点安静反省的时间，就是在一点点修炼自己的品格，坚持下来就成了你职场中的一大步。

可以趁清晨赖床的时候，想想昨天的失误、今天的要事；

午餐后，可以找个安静的角落闭目养神，想想今天工作中碰到的难题和难缠的客户，检查一下自己这方的问题出在哪里；

晚上睡觉前，提前几分钟关掉电视，总结自己今天的收获，问问自己是不是还可以做得更好。

5. 放一本书在包里

每天，我们都有不少时间用在等待上，与其读报纸上的家长里短，不如带一本书上班、等地铁……把这些无所事事的时间碎片利用起来学习、充电，会让自己的思想和知识时时更新，也就不用进行培训了。

6. 以“我们”开头

其实，职场不是角斗场，团队的共赢、企业的共赢、客户的共赢必定会比单打独斗创造出更大的价值。无论自己思考还是与人沟通，都要养成用“你”“你们”“我们”开头的习惯，这样沟通、合作就会比以前顺畅得多，原因很简单：你如何对待他人，他人也将如何待你。

7. 点头“微笑”

办公室里，走廊里，总会遇到一些陌生的面孔，可能是来拜访的客人，可能是其他部门的同事，甚至有可能是上司的家属。如果能够形成一个喜欢微笑的好习惯，就会温暖他人、闪亮自己。

章结语

※ 公平，这一个词语让很多的职场人士感觉到深深的伤心和无奈。事实上，在这个世界上是没有绝对公平可言的，越想寻求绝对的公平，就会越觉得自己受伤了。当然，这个世界也没有绝对的不公平，如果能够换种角度看问题，你会发现这也是一种磨炼。

※ 世事没有百分之百的公平，一味地追求公平只会让人心理失衡；一味地为了公平去争斗，只会让我们失去更多，远离自己的目标。而且，有时候，我们所认为的不公平，只是因为我们所处的位置不同，看待问题的出发点不同。因此，就更要放宽心了。

※ 工作无小事，认真对待每一件事，固守自己的本分和岗位，就是作出了最好的贡献。每一件事的每一个过程都成就了另一个过程，而只有把小事做好的人，才能铸造完美的细节，成就我们人生的大事。

第11章 “自己亏”

有些人不愿意多做一点工作，生怕自己吃亏。其实，“吃亏观”的实质是“得失观”，能够检视出自己的心理需求是不是正当和适当。

利益有时候有一些冲突，是正常现象

职场上的冲突，绝大多数都是一些地盘之争，归根结底，是利益之争。有利益，就有动机；有动机，就有行为；有行为，就有痕迹……不怕有冲突，怕的是对冲突的处理无原则、无目标、无方法。职场如战场，出现一些利益冲突是很正常的事。

职场如战场，竞争和冲突是很正常的事，有竞争才能有进步也是硬道理。有行为，就有痕迹；有痕迹，就可以推导出经验公式，对攸关方的思路和行为模式做预测。不怕有冲突，怕的是对冲突的处理无原则、无目标、无方法。

2012年年初时，陈雨转职到一家网络公司当企划。老板很欣赏她的资历，一开始就要她当个网站的小主管。虽然她自知自己程度不错，工作经验也够，但毕竟过去没有任职网络公司的经验，所以陈雨婉拒了老板的好意，愿意从企划做起。

周晓丽是公司的开国元老，和陈雨同年，但能力不够，工作态度也不好，已经好几年了，始终升不上去。因为陈雨一进公司的工作表现大大超过周晓丽，本来该成为陈雨部属的周晓丽，就暗地排挤她！

其实，老板知道陈雨的加入，会引发周晓丽的反感，可是想到周晓丽是公司的第一批员工，不想“处理”她。于是，老板私下找陈雨，要她“多多包涵周晓丽”。

陈雨吃了很多暗亏，但因为老板的交代，一直隐忍不发！这样的态度却让周晓丽食髓知味，认为陈雨是个好欺负的人，更加肆无忌惮。

一天，当设计部经理质疑周晓丽的企划出了大问题时，周晓丽竟然撒了个大谎，说：“这是陈雨的主意，我只是照她的意思做罢了！”陈雨听到再也忍不住了！当周晓丽回到座位，陈雨当着同事的面，将档案夹往周晓丽桌上摔去！并且很大声地说：“你说谎！什么我的主意！你敢再说一次试试看！”

周晓丽没想到一向乖乖受欺负的陈雨，竟站在背后听到她的话，还发了这样大的脾气！同事一看苗头不对，赶紧报告老板。老板不怪陈雨发了脾气，却怪陈雨没有“多多包涵”周晓丽。

类似的冲突越来越多，陈雨再也无法忍耐周晓丽，但周晓丽可无所谓！可是老板需要调解冲突的次数一多，也越来越不耐烦。虽然他欣赏陈雨的工作能力，但却觉得她幼稚、脾气差。

不管火气多大，都必须保持圆滑、冷静。在这个案例中，陈雨做错了一些事。面对周晓丽一开始一而再、再而三的挑衅，不管是明的、暗的，陈雨因为老板的交代，一直隐忍不发，反而对周晓丽更客气，让周晓丽认为陈雨是个好欺负的人。这就埋下了之后的恶果。而陈雨虽然是受害者，却也是唯一被处罚的人！

茉丽叶和赵婷希同在一个公司，分属不同的部门。有一次，她们一起参加单位的出游，两人觉得彼此很相像，年龄、资历、趣味和家庭结构，于是便成了好朋友。

从那以后，两人下班后，经常会相约一块儿逛街，给自己、给孩子、给老公买东西；有时候还会一起看电影，吃冰激凌。她们两人喜欢的东西非常一致，电影、书籍、服饰的品位均在同一档次，所以去哪里买东西、哪里吃饭，从来都没有出现过分歧。

后来，茉丽叶和赵婷希被调到了同一部门，成了合作者，要共同完成一个项目，一起追踪同一群客户，于是，友谊的维护倒成了一件略微困难的事情。

很多时候，打折买来的长裙两个人买的是同一种款式、同一种颜色的，穿到办公室来是什么情形？自己以为得意的策略，对方也想到了。两个人长处相近，短处也差不多……慢慢地，两个人的关系疏离起来。

后来，赵婷希跳槽了，莎莎成了茉丽叶的合作者。莎莎比茉丽叶小6岁，开朗、随意、时尚。茉丽叶穿的戴的虽然齐整，但与时尚无关。但莎莎是顶时髦的女郎，一年里几乎可以做到没有重复的衣裳。

茉丽叶是那种中规中矩的少妇，对莎莎这样的小女孩比较欣赏，就像欣赏一个可爱的小妹妹。至于工作上，莎莎的资历和能力当然要比茉丽叶低一个层面。

茉丽叶能够充分掌握全局，作出决定。莎莎虽然年轻时髦但还算懂事，是一个非常好的合作者。并且，茉丽叶老练，莎莎稚气，在应对客户和各类事务的时候，倒还真是各有各的长处，各自在对方的优点里开拓了自己的世界和视野。

茉丽叶和赵婷希的友谊又幸运地恢复了。她们不适合做同一个办公室的合作者，却是再好不过的朋友。

两个相似的人在没有利益冲突的时候，可能会惺惺相惜，可是在有了矛盾的时候，因为太过相似，往往冲突起来会更厉害。反过来，那个你一直看不惯的人，说不定就是因为在有的地方和你相似，你们才会磕磕碰碰的呢。

把自己置于团队里考虑问题，不要做“套子”里的人

团队的利益就是你的利益。或许刚开始的时候，你觉得这句话完全是老板信口胡说出来，无非是为了让员工死心塌地地为公司工作。可是，要知道，你的年终奖红包的厚度是跟公司当年的业绩联系在一起的。维护团队的利益不但对公司有利，也会让你跟着受益。

有一家公司招聘管理层人员，12 名优秀应聘者从几百人中脱颖而出，闯入复试。

这次招聘仅有 3 个名额。复试开始后，负责人把这 12 个人随机分成甲、乙、丙、丁 4 个组。指定甲组的 3 个人去调查婴儿用品市场；乙组的 3 个人调查学生用品市场；丙组的 3 个人调查中青年用品市场；丁组的 3 个人调查老年人用品市场。

招聘负责人说：“我们录取的员工是负责市场开发的，所以，你们应该具备对市场的敏锐观察力和对一个新工作的适应能力。现在，你们分别去办公室领取一份相关的资料。”

两天之后，12 个人把自己的市场分析报告送到了负责人那里，负责人一一看完之后，说：“恭喜甲组，你们被本公司录取了，因为在这 4 个组中，只有甲组的 3 个人互相借用了各自的资料，补全了自己的分析报告，这正是我们公司需要的人才——具有团队合作意识的人才。”

在现代企业界，能否与同事友好协作，以团队利益为重，已成为现代企业招募人才的重要衡量标准。比如，一家具有国际影响力的大公司的总

经理接受记者采访时被问到：“贵公司在招聘员工时，最看重员工的什么素质?”

这个总经理回答说：“我们有一套非常严格的招聘员工的标准，其中最重要的是具备团队协作精神。若一名应聘者缺乏团队协作观念，他即使是天才，我们也不会录用，因为在现代企业中，我们需要促使不同类型、不同性格的人共同努力、团结奋进，把各自的优势发挥到极致，一家企业如果缺乏团队协作精神是难以成功的。”

有人曾经亲眼目睹从一个山火熊熊的坡上滚下来一个黑团，当避过山火，黑团散开，原来是一大群的蚂蚁。不能否认它们单个的力量都很小，可是它们却依靠集体的力量战胜了死亡……

大部分蚂蚁为什么可以从山火中逃出来？因为它们抱团，因为外层的蚂蚁愿意付出。

一个球队为什么可以胜利？因为他们都服从教练的战术安排，因为守门员不去争前锋的位置，后卫不去争中锋，替补队员都在等待教练的召唤，队友之间精诚合作，服从教练。懂得把团队的利益放在首位，把团队利益和个人利益联系在一起才能使两者同时实现最大化。

合作是包括人类在内的大多数生物的生存法则，因为合作之后随之而来的不仅是团队的利益，还有个人的。

盲目去追求个人利益，就像在下象棋时，明明被别人将着军了，还固执地去吃别人的马，看起来是一颗棋子立下了功劳，可是即使这样，因为自己的老巢被端了，这颗棋子和自己的兄弟姐妹再也没有了继续生存下来的意义。

马琴曾经在一家广告公司的人事部门供职，公司还有一个网站，在当时应该算是一家很大的门户型网站，为各大公司提供招聘和广告服务。

和其中的一位网站编辑闲聊时，偶然谈起马琴曾经帮助一位业务人员谈下一个全年的广告单，当然叙述中也少不了几分自豪和夸耀的情绪。这位网站编辑反应非常的强烈："我想我应该不需要你的帮忙。"当然那个时候马琴有些尴尬，可是转机就在第二天出现了。

这天，所有的销售人员都有自己的新客户需要拜访或者是旧客户需要维护，突然有一个电话打进来，要求在他们的网站上做一个全年性的招聘，可是需要了解一些问题，当然包括技术上的和一些基本的问题。

老板要求这位网站编辑去把这个广告拿下，可是这位编辑只懂得技术上的一些问题，有关广告和人事的问题他一无所知。这时他需要在人事部选择一个搭档，当时其他同事忙得团团转，只有刚刚把工作完成的马琴可以当他的搭档，当然马琴很爽快地跟他去了，可是毫无疑问，他非常尴尬。

在工作中，你有没有跟你的同事说过："我一个人可以搞定所有的事情。"如果没有，建议你永远都不要说，因为合作是在一个团队中最平常的事情，即使你和他是一对看起来完全没有可能的组合，如果你这样说了，你就是在拒绝下一次的合作机会。

维护公司主体利益是员工的责任

一个忠诚的员工一定是维护公司利益的。毫无疑问，一个公司更倾向于选择维护公司利益的员工，即使其能力在某些方面稍微欠缺一些。一个员工固然需要精明能干，但再有能力的员工，不以公司利益为重仍然不能算一个忠诚的员工。

当忠诚由生活态度成为工作态度时，工作对于自身的意义就不仅仅是赚钱那么简单，也就不会因为公司的规定而觉得自己的自由受到了羁绊，更不会做出违背公司利益的事。

能够维护公司利益的员工都具有强烈的荣誉感。员工是企业的代言

人，员工的形象在某种程度上就代表了企业的形象。员工在任何时候都不能做有损企业形象的事情，这也是一个员工最基本的职业准则。就像你不愿意让别人伤害你的形象一样，你也不容许别人伤害你自己企业的形象。

有荣誉感的员工，他们会顾全大局，以公司利益为重，绝不会为个人的私利而损害公司的整体利益，甚至不惜牺牲自己的利益。他们知道，只有公司强大了，自己才能有更大的发展。事实上，有这样想法的员工才有可能被真正地委以重任。

很多时候，有集体荣誉感的员工才真正知道自己需要什么，企业需要什么；没有集体荣誉感的员工是不会成为一名优秀员工的，对此我深信不疑。具有集体荣誉意识的人，在任何一个团队中都会受欢迎。

一个年轻人应聘到"安联电工"公司做推销员，由于家境很不好，他很珍惜这次工作机会，很热爱公司。年轻人每次出差住旅馆的时候，都会在自己的姓名后面加上一个括号，写上"安联电工"四个字，在平时的书信和收据上也这样写，天天如此，年年如此。

"安联电工"的签名一直伴随着他，年轻人的这种做法引起了同事们的注意，于是就送了他一个"安联电工"的绰号，而他的真名却渐渐被人们淡忘了。后来，年轻人逐步被提升为组长、部长、副总，直至成了"安联电工"公司的总经理。

如果年轻人没有一种以"安联电工"为荣的荣誉感，他能表现得这样尽职尽责吗？成绩可以创造荣誉，荣誉可以让你获得更大的成绩。一个没有荣誉感的员工，是很难成为积极进取、自动自发的员工的。如果不能认识到荣誉的重要性，不能认识到荣誉对你自己、对你的工作、对你的公司意味着什么，又怎么能为公司争取荣誉、创造荣誉呢？

事实上，只要我们尽职尽责、努力工作，工作同样会赋予我们荣誉。争取荣誉、创造荣誉、捍卫荣誉、保持荣誉的过程中，我们个人也不知不觉地融入到了集体之中，获得了更好的发展。

“维护公司利益”从细处讲就是要求员工尽职尽责，要求热爱本职工作，对客户负责，有强烈的责任感，能充分承担本职工作的经济责任、社会责任和道德责任，不做任何与履行职责相悖的事，不能做那些有损于企业形象和企业信誉的事。那些不能很好地履行工作职能、自由散漫、随便许诺的语言和行为，都不符合企业员工的工作规范。

在我们科略公司有位客服经理叫钟富成，他平时工作非常认真，对待客户也是非常负责。

2012 年 8 月，成都公开课的前一天，客服们都在迎接客户。有一位从焦作来的客户，计划坐飞机晚上 12 点钟到成都，可是却一直迟迟未到。

这位客户正好是钟富成服务的，为了等待客户，虽然时间已经过了 12 点了，他依然没有去休息。功夫不负有心人，终于在凌晨两点的时候，客户打电话过来说：“到机场了。飞机晚点了。”

钟富成接到电话之后，二话没说，急忙与两位老师开着车去机场接客户。此时的成都正值初秋，寒风夹着沥沥小雨，不免有些寒意。接到客户之后急着往回赶，由于天黑，路况不好，快到酒店时没想到和一辆对面开来的车相撞了。

从昏迷中醒过来的钟富成，不顾自己的伤痛，立刻打电话给 120 抢救客户。所有的事情都办妥后，他才发现自己的头部也擦出了一道口子。

在客户住院期间，钟富成对这名客户进行了细心的照顾。期间，科略公司的董事长及领导们也相继来看望这位客户，并主动提出赔偿，这令客户十分感动。

客户很快就康复出院，回去之后，我们公司便收到了这位客户寄来的感谢信。信中，不仅对钟富成的付出和照顾表示了感谢，还称赞科略培养出了如此优秀的员工；并表示，科略公司今后的培训，只要不是在成都举办，他一定来参加，他说：“因为我终于找到了一家真正敬畏客户、真正对客户负责的合作伙伴。”

任何企业都有一个属于自己的独特形象：或卓越优异，或平凡普通；或真善美，或假恶丑；或美名远扬，或默默无闻……良好的企业形象可以使企业在市场竞争中处于有利地位，受益无穷；而平庸乃至恶劣的企业形象无疑会使企业在生产经营中举步维艰，贻害无穷。

企业形象不仅靠企业各项硬件设施建设和软件条件开发，更要靠每一位员工从自身做起，塑造良好的自身形象。因为，员工的一言一行直接影响企业的外在形象，员工的综合素质就是企业形象的一种表现形式。

员工走出公司的一举一动，无不在外人的眼中影响着企业的形象，员工的形象也就是企业的形象。特别是在客户的眼里，员工给客户自信的感觉犹如企业给客户有实力的感觉，员工的谈吐影响着企业的信誉。

如果员工在与客户沟通的时候满口脏话，客户对这个员工所讲的话就会产生怀疑，同时客户可能对企业也有看法。但是如果员工出来维护企业的形象，则能抹去过去给客户留下的不良印象。

作为企业的一名员工，不管走到哪里，始终都要记得自己是什么企业的员工，记得维护公司的形象，这是作为公司员工的基本职业道德！如果四处诽谤企业，挖空心思讽刺企业的管理人员，这不仅显得该员工素质低下，更证明了该员工眼光太差。如此不值一提的企业，试问你怎么选择了这种企业就业？

只有企业发展了，员工的工资待遇才能更上一层楼；只有企业的社会声誉提高了，员工走在大街时才会有一种荣誉感。身为企业员工要时时关心企业发展，处处维护企业形象。一个员工如果没有维护企业形象的意识，他肯定是一名不合格的员工！

※ 两个相似的人在没有利益冲突的时候，可能会惺惺相惜，可是在有了矛盾的时候，因为太过相似，往往冲突起来会更厉害。反过来，那个你一直看不惯的人，说不定就是因为在有的地方和你相似，你们才会磕磕碰碰的呢。

※ 若一名应聘者缺乏团队协作观念，他即使是天才，企业也不会录用，因为在现代企业中，需要促使不同类型、不同性格的人共同努力、团结奋进，把各自的优势发挥到极致，一家企业如果缺乏团队协作精神是难以成功的。

※ 有荣誉感的员工，他们会顾全大局，以公司利益为重，绝不会为个人的私利而损害公司的整体利益，甚至不惜牺牲自己的利益。他们知道，只有公司强大了，自己才能有更大的发展。

第12章 "我一个人行"

要想作出一定的成绩，必须和他人一起团结协作，一个人单打独斗什么事都做不成！忠诚的员工都明白这一点——个人英雄主义要不得，选择合作，才能走得更快更远。

没有公司，你没有用武之地

我们所处的这个时代是一个合作时代，一个团队时代。因而，离开了公司，你也就失去了自己。要让自己很好地与团队融为一体，首先就一定要摒弃个人主义，抛开"独行侠"的思想，要和"狂妄""自视清高""刚愎自用"坚决作别。

事实证明，懂得团体协作，善于虚心学习的新人，才能在职场中成长得更快。

李磊毕业于一所名校，应聘到一家公司市场部就职。由于有扎实的专业知识、大公司里积累的工作经验，大方开朗的他深得领导青睐。

一次，公司在内部广征市场拓展方案，经理在分配任务时提醒说：

“作为尝试，李磊等几名‘后起之秀’，可以每人单独完成一份，也可以合作完成一份。”

凭借着在大公司工作的经验，以及对市场行情的自身把握，李磊决定单挑。他花了整整一个星期时间，细斟慢酌，搞定了“大作”。

报告上呈后，经理的评价出乎他意料之外：“缺少了本地化的东西，操作性不强。不过，你的宏观视野很开阔。”

之后，经理把几名“后起之秀”叫到一起，让他们分别揣摩彼此的方案。在经理的“撮合”下，他们将各自方案中的亮点进行了提炼和重构，结果新方案被老总评优，列为备选的最终方案之一。想着自己能与资深员工“并驾齐驱”，他们甭提多高兴了。

事后，经理指出，他之所以给出提醒，就是想让这几名年轻人能够合作，取长补短。不料，他们竟然都选择了单兵作战。李磊总结这件“策划否决案”时，不由感慨：“想要尽快成长，还是得注重协作和请教，否则，欲速则不达呀。”

在这个竞争的时代，集体主义比个人主义更有效，公司的成功依赖更多的是团队的力量。尽管每个人所处的岗位不同，性格也各不相同，但需要明确的是，有一点是共同的，那就是为实现公司的整体目标而团结一致，共同奋斗。

任何公司的发展和壮大，都依赖员工的有效合作。当个人利益与团队利益发生冲突时，应以大局为重，而不是以自我为中心。

保罗·盖蒂曾经说过：“我宁要 100 个人的 1%，不要一个人的 100%。”因为他知道，一个人的 100% 永远比不上 100 个人的 1%。三个臭皮匠，还能顶得上一个诸葛亮，100 个人的 1%，自然会有难以想象的力量，又岂是一个人的 100% 所能比拟的？所以，要抛开个人，融入团队，依靠团队才能得到更大的发展。

职场中，有的员工尽管很优秀，但难免有一些“英雄主义”的倾向。

虽然在很多关键时刻，“英雄主义”发挥着至关重要的作用，它可以使公司顺利渡过难关，可以激励全体员工士气，甚至可以从乱军之中取上将首级。

可是单凭几个“英雄”仍然无法赢取整场战争的胜利。商业战争就像球场上的对决一般，足球运动靠的是全队的配合，大牌球星虽然能帮助球队扭转时局，可是球场上的常胜将军仍然是配合最好的球队。

“英雄主义”极易引发“个人主义”的不良作风，即不顾公司整体利益，只顾个人的功劳大小，无视他人的配合协作，一味地追求自我，瞧不起任何人，这种恶劣的风气一定不会走得长远。

周亮是一位能力很强的员工，在一次与客户的谈判中表现突出，为会司创造了良好的效益，并受到总经理的高度赞扬。这次谈判周亮他感觉自己能力超群，总经理的赞扬使他觉得自己非同一般。

在日常工作中，周亮开始不和同事们交往、沟通，摆出一副自高自大、目中无人的样子，在公司里独来独往。周亮的态度使得同事们渐渐疏远了他，谁都不愿意与他合作。于是，他成了被孤立的人，在许多事情上都陷入极其尴尬的境地。

后来，由于周亮的决定失误给公司造成了巨大的损失。同事们的讥笑、总经理的恼怒，使他无法再继续待下去，他很不体面地自行辞职离开了公司。

公司就是一个团体，团体的发展不是靠个人，而是靠每一个人的力量。当无视他人力量存在时，“英雄主义”是一件很可怕的事情，因为，从公司长远发展来看，“英雄主义”只能胜一时，团队的力量才会胜一世。所以，相信团队，依靠团队，不断打造团队的力量，才是最终胜利的法宝。

对于一个团队而言，如果团队成员只考虑自己的工作，而不去关心别人，就很可能会出现问题。特别是对于流水线生产，每一个工序的员工都是彼此联系在一起的，彼此之间必须保持高度的协作精神，才能生产出高质量的产品。如果一个工序出现了问题，就有可能导致整个流水线出现问题，对于一个企业而言，这样的损失肯定是巨大的。

团队时代，个人英雄主义已经不适用，所以，摒弃个人主义吧，把自己融入团队，真诚合作，真心奉献，团队的成功也就是你的成功。

公司是你的根本，一个人走不了多远

公司是员工学习的平台、发展的跳板，是员工实现理想的舞台，为员工的发展铺平了道路。所以，我们应该感激公司提供给我们的平台，保持良好的心态，做好本职工作。公司发展得越好，员工的收益就越大；离开了公司，你一个人能够走多远?

有这样一则寓言故事，讲的就是员工与公司之间的关系。

一只到处游荡的老鼠在佛塔顶上安了家。佛塔里的生活实在是幸福极了，它既可以在各层之间随意穿越，又可以享受到丰富的供品，甚至还享有别人所无法想象的特权：那些不为人知的秘籍，它可以随意咀嚼；人们不敢正视的佛像，它可以在上面自由闲逛，兴起之时甚至可以在佛像头上留些排泄物。

每当善男信女烧香叩头的时候，老鼠总是看着那令人陶醉的烟气慢慢升起，然后猛抽着鼻子，心中暗笑：“可笑的人类，膝盖竟然这样柔软，说跪就跪下了!”

有一天，一只饿极了的野猫闯了进来，一把将老鼠抓住。老鼠抗议道：“你不能吃我！你应该向我跪拜！我代表着佛!”野猫讽刺说：“人们向你跪拜，只是因为你所占的位置，不是因为你!”然后，野猫像掰开一个汉堡包那样把老鼠撕成了两半。

这个寓言非常形象地说明了员工与公司之间的关系。员工就像“老

鼠”，公司就像“佛塔”，我们在社会上所获得的尊重，在很大程度上是因为我们背后的公司。尤其是那些跨国公司或知名公司的员工乃至经理人，他们的名声、社会地位以及荣耀其实都归于他们背后的“佛塔”，公司的光芒照亮了他们的人生。

员工与公司之间的关系是什么？对于这样的问题，有人说是利益关系，员工给公司工作，公司给员工发薪水；有人说是合作关系，员工给公司创造利润，公司给员工提供福利；有人说是共赢关系，员工给公司创造价值，公司给员工创造未来。

可是，优秀的员工一定会认识到：我们给公司打工，其实是在为自己而工作；员工和公司之间的关系永远是公司成就员工，而不是员工成就公司。

我们到底是在为谁工作呢？作为员工，如果不把这个问题弄清楚，很有可能导致职业生涯的失败。首先，我们要认识到：一个人无论有多大本领，都不能靠一己之力成就一番事业。

工作，不仅仅是为了赚钱，我们都是在为自己的梦想打工，为自己的幸福和未来打工。

只有合作，才能融入团队

随着市场竞争的日益激烈，企业更加强调团队精神，建立群体共识，以达到更高的工作效率。特别是遇到大型项目时，想凭借一己之力去取得卓越的成果，可能非常困难。今天，单打独斗的时代已经结束了，取而代之的是团队合作！团队合作，就是竞争力。

团队的组成不是一个人，如何融入团队，和其他成员共同努力、精诚协助是件看起来很容易的事情，可事实却大相径庭。团队，除了要依靠卓越的领导者，每个成员都是使团队不断融合不可或缺的一分子。

兰海大学毕业后留在了上海。一家广告公司招工的时候，兰海通过笔试和面试后被留了下来。试用期间，总经理对他们同时应聘的5个人说：“试用期满，将在你们中间选一名业务主管。”听了总经理的话，兰海更是雄心勃勃，发誓要当上业务主管！

可是，要想当上业务主管就必须战胜4个同事！兰海想，短短的3个月里要凸显自己的业绩仅靠埋头苦干是不行的，我必须凭借聪明才智，苦干加巧干。

此后，兰海便开始利用网络的优势进入广告设计网博览别人的设计创意并频频跟网络设计高手交流。兰海想，这样正当的学习，其他的4个同事同样能做到，如果是在同一起跑线上公平竞争，我的优势不一定能凸显出来。

为了确保自己能超过他们，兰海开始“不耻下问”地向4个同事学习，而他们向兰海请教问题的时候，兰海每次都把自己独特的见解藏起来，只说一些能在网上查询到的观点。

当然，兰海所做的一切都很隐蔽，他不会傻到为了打败他们而把他们的材料藏起来，也不会在私下里对他们发起人身攻击。兰海常常自我安慰：我并没有伤害他们，我只是努力提高自己而已。

试用期满，兰海的业绩果然比其他4个人突出。兰海想，业务主管一职肯定非我莫属。可是，总经理的决定却让兰海大跌眼镜：兰海不仅没能当上业务主管，还被公司淘汰了！

面对总经理的决定，兰海质问他为什么。总经理平和地说：“我们公司之所以能有今天，主要靠的是团队合作精神，因此，在我们公司，能跟同事共同提高的人才是最理想的人选。”

原来，总经理对兰海的所作所为明察秋毫！兰海离开公司的时候，总经理吩咐财务处多给结算了一个月的工资，还拍着他的肩膀语重心长地

说：“记住，跟同事共同提高比只向同事学习更受欢迎。”

真正的团队合作必须以别人心甘情愿与你合作作为基础，而你也应该表现出你的合作动机，并对合作关系的任何变化抱着警觉的态度。团队合作是一种永无止境的过程，虽然合作的成败取决于各成员的态度，可是，维系成员之间的合作关系却是你责无旁贷的工作。

每个团队成员都是不可或缺的，而且每一个团队成员都要具有团队合作的意识。无论你自身能力多强大，团队少了你依然会继续运行，所以不要枉自称大。

1. 做好自己的事情

团队合作中，最起码的就是把自己的事情做好。团队的任务都是有分工的，分配给自己的任务就要按时做好。只有这样，你才能不给别人带来麻烦；也只有在这个前提下，你才能去帮助其他成员，否则你就有些轻重不分了。

2. 信任你的伙伴

既是团队成员，就要相信自己的伙伴，相信他们能够与你协调一致，相信他们会理解你、支持你。一个团队只有在信任的氛围中才可能有高效的工作。如果大家相互猜忌、互不信任，那么分工就不可能，因为总有一些任务依赖于别的任务；同时，猜忌的气氛让每一个人都不能全心投入到工作中去，也不利于成员们工作能力的发挥。

3. 为他人着想

不要事事都从自己的角度考虑。如果有任何问题，先从别人的角度想一想，看看怎样能让他人更加方便。这样的人在团队当中会很受欢迎，同时也更有亲和力，而亲和力对于团队合作来说是很重要的。

4. 愿意多付出

付出并不是什么坏事。多做一些，可以让团队的工作进展更快，你也得到更多的好评，能力上也有提高，何乐而不为呢？当然也不是付出得越多越好，如果所有的事都让你自己做了，其他的人一定会有意见的。

※ 在这个竞争的时代，集体主义比个人主义更有效，公司的成功依赖更多的是团队的力量。尽管每个人所处的岗位不同，性格也各不相同，但需要明确的是，有一点是共同的，那就是为实现公司的整体目标而团结一致，共同奋斗。

※ 员工与公司之间的关系是什么？对于这样的问题，有人说是利益关系，员工给公司工作，公司给员工发薪水；有人说是合作关系，员工给公司创造利润，公司给员工提供福利；有人说是共赢关系，员工给公司创造价值，公司给员工创造未来。

※ 真正的团队合作必须以别人心甘情愿与你合作作为基础，而你也应该表现出你的合作动机，并对合作关系的任何变化抱着警觉的态度。团队合作是一种永无止境的过程，虽然合作的成败取决于各成员的态度，可是，维系成员之间的合作关系却是你责无旁贷的工作。

第13章 “上司不行”

或许在某方面，上司确实不如你。可是，对方之所以能够成为你的上司，定然在某方面有着过人之处。就算上司的能力比较低，也不能成为你不忠诚的理由。

放下偏见，学会欣赏你的上司

在现实的工作之中，我们经常会碰到这样的人：他们总是在不停地抱怨自己的命运不好，碰到了“坏上司”。那么，面对这种情况，我们该怎么做呢？最好的办法就是放下偏见，审时度势。如果你因为气不过，与“坏上司”大力对抗的话，于事无补，要学会欣赏自己的上司。

上司和下属在人格上是平等的。如果自己没有做错，却一味顺从上司的批评，对自身的发展是不利的。如果平时你对上司的评价较高，就不要因为在一件小事上受了委屈就对上司不满，甚至耿耿于怀。要做好准备积极主动地去沟通，如主动给上司发邮件、到上司的办公室去找他或者约他喝杯咖啡。沟通的时候要实事求是、对事不对人，并尽量运用微笑和幽默，就很可能实现双赢结局。

这天，一份由上司主导完成、李翔参与准备工作的策划方案出现了重大的错误，引起了客户的强烈不满，公司的老总非常生气。事发之后，上司主动去找老板谈了话，随后又请李翔去喝咖啡。

上司告诉李翔："我已经向老板承认错误了，老板知道，你也参与了准备工作，你最好明天一早主动去向老板承认自己的不足，表现得积极诚恳一点，能在老板那里扳回印象分。"

李翔非常感动，觉得自己遇上了事事护着自己的好上司。可是，第二天一早，还没等李翔去找老板，老板就找到他狠批了一顿。

从老板的批评里，李翔知道，上司将所有的责任都推到了自己的身上。李翔感到委屈极了，但事情已经这样了，在老板面前争辩反而会越描越黑，只会让老板更加生气。于是，李翔主动且诚恳地向老板承认了自己的错误，并向老板保证，自己一定会把这件事情圆满地解决好！

从老板那里回来后，李翔先去了客户那里，在跟客户诚恳地道歉之后又得到了一个改正错误的机会。在接下来的几天中，李翔加班加点，广泛地收集资料并作了深入的研究，最终不仅仅弥补了上次上司所犯的错误，还给了客户一个更加满意的策划方案。

老板对李翔刮目相看，特别是在了解了事件的原委后，更是对李翔欣赏有加，破格提升他做了策划总监。

很显然，上司在"向老板承认错误"时把主要的责任都推到了李翔身上，自己只是承担了管理不足的小罪名。面对这种情况，李翔化愤怒为力量，变斗争为忍耐，在老板面前为自己争取到了表现的机会，因此而迎来了无比光明的职业坦途。

其实，职场中类似的事件时有发生，"坏上司"经常会利用汇报关系中的不透明将责任全部都推给自己的下属，而下属往往会被蒙在鼓里。

身在职场，当你碰到类似的事情时，一定要学会冷静，有时候也不妨

像李翔一样，低调一点，先把这个黑锅给背下来，把握住与老板对话的为数不多的机会。老板也不傻，怒气过去之时，他自然会分析并了解事情的原委，很多的陷阱和谣言将会不攻自破，老板自会还你以公道。

赵大国在外企工作两年了，因为专业对口，再加上工作认真，上司对他比较器重。可是，前不久在与外商的一次谈判中，由于“第三者”的缘故，发生了一些不愉快的事情。

事后，上司不问青红皂白对赵大国大发雷霆……赵大国对他的做法非常不满，他是应该顺从上司的批评还是应该跟他沟通呢？

化解不满的根本出发点有两个，一个是事实，另一个是人格平等。上司和下属在人格上是平等的。如果自己没有做错，却一味顺从上司的批评，对自身的发展是不利的。如果上司的不满是由于下属工作没做好，那么勇敢去承认并作出一定承诺，会重新赢得上司的信任。如果不满是由于误会，那么准确有效地澄清是必要的。

化解不满的原则是尊重上司的权威。作为下属，如果完全不顾上司的权威，追求绝对的公平公正或者逞一时英雄，那等于是破坏了团队的运作。因此，不要公开顶撞上司，不要让上司下不来台，尽量争取平静理智地沟通。

对上司的认识不要因情绪化而片面化。上司也是人，肯定优点缺点都有。有的上司很挑剔但勇于承担责任，有的上司脾气不好能力却很强，如此等等不一而足。尽可能全面客观地去看上司，就不会做出不理智的举动了。

一味埋怨上司，对你有什么好处吗

我们身处职场，并不是每个人一开始就是老板，有的人埋怨上司如何如何，说老板人品不行……其实，这些抱怨是没有必要的。上司既然是上司，自然就有他的过人之处，表面上说他不专业，他肯定在某些方面非常有造诣，也胜过你，更有值得你学习的地方。

在工作中，常能听到人们抱怨他们的上司。抱怨上司的怪念头、骄傲自大和缺乏对他人观点的欣赏力或发觉力，缺乏诚挚待人的态度，以及无决断力、持有成见等。

有一个人极不满意自己的工作。一次，他愤愤地对朋友说："我的上司一点也不把我放在眼里，改日我要对他拍桌子，然后辞职不干！"

"你将那家贸易公司完全弄清楚了吗？对于他们做国际贸易的窍门完全搞明白了吗？"朋友反问道。

"没有！"

"古人说'君子报仇三年不晚'。我建议你还是好好地把他们的贸易技巧、商业文书和公司团队完全搞明白，甚至连怎样修理影印机的小故障都学会，然后再辞职不干。"朋友说。

那人觉得朋友的"建议"有道理——以公司做免费学习之所，什么东西都学会了之后，再一走了之，不是既出了气，又有许多收获吗？自此，他默记偷学，甚至下班之后，还留在办公室里研习写商业文书的方法。

一晃一年过去。一天，那人和朋友又见面了。朋友问："你现在大概把公司的一切都学会了，可以准备拍桌子不干了吧？"

可是，那人却红着脸说："可是我发现近半年来，老板对我刮目相看，最近更总是对我委以重任，又升职，又加薪，我已经成为公司的红人了！"

从故事所透露的"信息"看来，那个曾经极不满意自己工作的人，已经打消对其上司"拍桌子，然后辞职不干"的念头，因为他没有理由不珍惜眼前那"柳暗花明又一村"的景象。

一个人能迅速地由"山重水复疑无路"之逆境而转达"柳暗花明又一村"之顺境，委实令人心生羡慕。可是，最值得玩味的还是故事中那位

“朋友”之所言，尤其是那段充满智慧、用心良苦的规劝之语。

其言充满智慧，用心良苦，是因为它不仅为故事主人公指明了一条“自新”之路。在工作中，当我们在上司的心目中占不着“分量”时，我们常常只知一味地牢骚满腹，抱怨上司的态度，却不肯平心静气地正视自己，客观地反省自己——问问自己“能”有几许？“力”有几何？

周晓峰是名牌大学工商管理专业毕业生，在学校成绩一直名列前茅。毕业到现在这家公司应聘商务助理，一签就是两年，但却一直不愠不火，得不到上司的重用。

周晓峰认为自己的能力不仅仅如此，而且这些年来工作还算勤快，按照上司的指令，该做的销售统计报表都做了，该跑的市场也跑了，可是上司没有提供一个更广阔的平台让他发挥。为此周晓峰跟上司也有过好几次交流，但上司只是表示，他很努力，这是值得肯定的，但还需要继续锻炼。

眼看以前读书的同学一个个升职而自己还只是一个小职员，心里越发着急：什么时候才可以出人头地？周晓峰开始沉不住气，抱怨上司埋没自己。

这一天，周晓峰向上司提出了辞职。上司问他：“如果你觉得你应该得到重用，那么你能告诉我，你能做什么吗？”周晓峰回答说：“我觉得做个区域经理是没问题的。”

“那么区域经理要干些什么工作呢？”

“就是管理一个区域市场。”

“怎么管呢？”

“怎么管……”周晓峰心里嘀咕，“我又没有做过区域经理，现在怎么知道怎么管，这些事情成为区域经理后自然就会明白的。”

“周晓峰，我一直说你是很努力的，什么事情交给你，都可以按照指令执行得很好，可是这样还不够。我刚才问你能做什么，你回避了我的问题。如果你现在只是能做销售统计报表、跑市场而不懂管理市场的手段和方式，我又怎么能说你具备做区域经理的能力呢？要知道，做区域经理不是凭空说做就能做的。这两年来，你仅仅满足于执行指令，是一个很好的执行者，但是对于胜任区域经理这个问题而言，很实在地说，在你身上我没有得到满意的答案。"

周晓峰听了上司的这番话，低下了头……

像周晓峰一样感觉"怀才不遇"的人在当今社会并非少见，"怀才不遇"的原因也有很多。然而，在抱怨之前，首先应该问一下自己："才"从哪里来？这可以从内在和外显两方面去分析。

我们要思考，自己是否真的有才？我们觉得自己行，但是不是真的行。职场里，是否存在"学习成绩＝能力"这样的公式？显然，答案是否定的。我们知道，从书本上获得的，或者从别人身上观察到的，都只是感知觉层面上的知识；考试考得再好，文章写得再出色，也只是纸上谈兵，只要未应用于实际，获得直接的操作经验，就不能转化为自身的技能。

俗话说，"是骡子是马，拉出来溜溜"。我们可以通过三个方面来判断自己所取得的成就，判断自己的价值，展现自己的才能：以前、计划、同事。看一看，业绩跟前一年（季）相比怎么样？业绩跟计划相比怎么样？业绩跟同事相比怎么样？通过这三个方面所展现的事实非常直观，日常工作中我们可以有意识地在这三方面体现自己的才能，获得上司和企业的认同。要想确定自己的竞争优势，自己就要加倍努力，努力练造自己赖以立足的资本。

上司没能力，你更有机会

不是所有人都能遇上个令自己心服口服的上司。人生来就不一样，这是铁打的事实。如果你碰上了能力超强的上司，那真是福气；如果没有碰

上，那是常规。所以，在工作中，要抓住机会，争取更大的成绩。

王鹏刚毕业于某重点本科学校，他的直接领导只有专科文凭，比王鹏早毕业两年，是从王鹏这个职位刚刚才升上去的。

从一开始，王鹏就觉得郁闷，自己堂堂重点大学本科生，居然要听一个和自己年龄相仿的专科生吆五喝六的。

工作一个星期后，王鹏更是觉得这个上司不如自己了。好多事情他根本就没有主见，还要跑来问自己。有的时候跑过来“指导”工作，云里雾里地说了一大堆，也不明白他在说什么。可如果出了差错，他不说自己能力不够，把所有责任都推到王鹏身上，还说是王鹏糟蹋了他的创意。和他讲又说不通，只能事事都按他说的办，能力根本无从发挥。

工作两个星期后，王鹏感觉自己的层次明显下降。人都说：“将熊熊一窝”，真是这样，自己在这样一个没有能力、没有层次的上司手下做事，能力无法发挥出来，层次自然就降低了。有时候自己的工作做得出色，他就“妒忌贤能”，把一大堆的事情都推给了自己。为了避免被打压，王鹏开始学会夹着尾巴做人，工作的时候出工不出力。

很多人会认为上司能力不如自己，尤其是刚刚进入职场的新鲜人。新鲜人在刚进入一家公司以后，很容易用审视的目光去看待公司、上司以及自己的工作。而由于理论知识和现实应用是有所区别的，并且理论比现实看起来更完美，于是新鲜人所审视的一切都是缺憾甚至是丑陋的。由此，新鲜人很容易认为自己的上司在能力上是不如自己的。

王鹏刚刚加入公司两个星期就给自己的上司贴了“能力低”的标签。无论上司能力高低与否，王鹏首先就犯了错误。刚刚加入一个公司，对新人事、新环境还没有认识清楚，就盲目地下判断显然是不可取的。

公司是一个利益纠葛的地方，公司把某个人安排在某个岗位上一定是根据他所能创造的价值来确定的。因此，既然这个人能在比自己高的位置上，说明公司对他的价值是认可的。一定是有些东西上司具有而自己不具有的。例如人际关系，这就是一种资源，每个部门都需要有。销售部门要有客户资源，品牌部门要有媒体资源等。这些资源是隐性的，是不是自己还没有发现呢?

不是所有人都能遇上个令自己心服口服的上司。人生来就不一样，这是铁打的事实。有人性急脾气大，有人办事慢吞吞，有人聪明得天下无敌，有人谦卑得总说“对对对”。如果你碰上对脾气的上司，那真是福气；如果没有碰上，那是常规。所以，在工作中，最重要的是怎样和上司相处，这不仅关系到你目前做这个职位的成功与否，还将涉及你下一个职位的前途。

如果你的上司很聪明很拼命，那你只好多干活多出汗，别无选择；要是你跟不上老板的快节奏，那只好早日另攀他枝，不要等到老板来找你谈话。

如果老板十分随和，但就是不出成果，根本没你能干，你或者老老实实多陪他聊天，时不时拿点东西让他向上汇报，等他哪天开恩把你提拔上去；要是你上进心很强，不愿陪上司浪费宝贵的“革命”青春，那就悄悄地时刻准备着，选好新老板开溜。

与老板怄气是愚蠢的，不要嫌弃、抱怨上司，因为，是老板总有闪光的地方。职场比拼的是综合素质，而不是专能，或许老板在很多方面不如你，但毕竟也只是某些方面而已。老板抓的是全局，何必做到样样精通。即使在一个部门中，你也不可能完全熟悉每一个流程和环节。

“尺有所短，寸有所长”。你的功夫多半比不上他的一技之长，或者他的综合素质胜你一筹，至少你的经验阅历略逊他几分。

如果你的能力确实超过上司，你又不想炒掉他，此时你就有必要装装糊涂了。因为上司多半是有疑心病的——在他们漫长的职业生涯中，难免有一些人会背叛他，或是得了他的好处却不知报答，久而久之，他们对别

人都不太敢推心置腹了。

一般来说，上司只会提拔能力比自己低的属下。一旦发现下属的能力可能高于自己时，立刻会显得坐立不安，还会对下属施加压力。因此，当你的才能高于上司时，不可过于锋芒毕露，以免引发上司的猜忌之心。

更不要把不高兴放在脸上，因为那会影响到别人，也可能会给别人以可乘之机，他们会说闲话：“瞧，那个部门主管实在不怎么样，连他们自己部门的人都不服气。”不但给了人家把柄，对自己的团队也有坏影响——哪天公司有了重要任务，老板哪敢把这活儿交给压不住下属的你的上司呢？

“千里马常有，而伯乐不常有”，上司对你不满意，可以行使权力炒你的鱿鱼；你对上司不感冒，当然也能炒他，但你为此付出的代价或许要大得多。

※ 如果平时你对上司的评价较高，就不要因为在一件小事上受了委屈就对上司不满，甚至耿耿于怀。要做好准备积极主动地去沟通，沟通的时候要实事求是、对事不对人，并尽量运用微笑和幽默，就很可能实现双赢结局。

※ 在工作中，当我们在上司的心目中占不着“分量”时，我们常常只知一味地牢骚满腹，抱怨上司的态度，却不肯平心静气地正视自己，客观地反省自己——问问自己“能”有几许？“力”有几何？

※ 公司是一个利益纠葛的地方，公司把某个人安排在某个岗位上一定是根据他所能创造的价值来确定的。因此，既然这个人能在比自己高的位置上，说明公司对他的价值是认可的。一定是有些东西上司具有而自己不具有的。

第14章 “我不干了”

遇到问题的时候，有些人沉不住气，甩手离职。这样的行为看起来很洒脱，可是沉得住气却是性格成熟的标志之一，情绪化不是良好的职业素质。

跳槽没想象的那么好，到哪里都要和人打交道

职场中受了委屈就辞职是很不明智的！刚进入职场，少说多做，吃点亏不算什么，至少你看到了同事的某方面不足，以后在工作中肯定会注意。不管到了哪里，都要和其他人打交道，跳槽并没有想象中的好！

大学毕业后，张希应聘到一家成立不久的文化公司从事展销业务。展销经济是一个新的经济增长点，未来的市场前景很好，在这一行里工作本来是前途非常光明的。然而，由于这家公司刚刚创建，业务不是很多，张希的工资也不是很高，月薪只有2000元，比她当年同一期毕业的朋友们要少很多。

收入上的巨大差距让张希的心理十分不平衡，她认为这家公司的发展

空间太小，于是私下里开始寻找更好的工作。最终，张希如愿以偿地找到了一份新的工作。可是，一年后那家文化公司抓住机遇，迅猛发展，当初没有跳槽的同事工资都拿到了8000元，而张希新的工作月薪只有3000元。

很多想着跳槽的员工，他们在自己原来的工作岗位上并没有做出多大的成绩。这些人天天想着跳槽，无非是嫌自己现在的薪水过少，认为公司没有认识到他们的价值。然而，这些人却没有想过为什么自己只能拿着低工资，他们从来不去找工作上的原因，只是不断地埋怨公司没有重视他们。这种员工认识不到自身存在的问题，即使去了新公司也不会有更好的发展。

在面试应聘者的时候，很多招聘者都会习惯性地问这样一句话："能告知一下你离开上家工作单位的真实原因吗?"很多年轻气盛的人就会这样回答：在原来的单位遭受了同事（或上司）的误解，不愿受委屈而离职；原公司工资低，不想干了……

职场比不上在家里，在单位受了一点点委屈、工资有点低，就想不开、闹情绪，最终辞职不干，对于这类人，我们钦佩他的傲气，却并不认同他的做法。那么，应该如何做才是正确的呢?

一位朋友曾经说过这样一句话："大学毕业头三年，学艺未精，只能看老板脸色，这并不丢脸；有本事的人，三年后成为团队里不可或缺的骨干，让老板看你脸色。如果多年无所长进，那就一辈子看老板脸色，不要怨天尤人。"多么经典的回答!

六年前，高程刚从生产线上转做销售，负责一个地级区域市场。高程突然发现，大学课堂上学到的知识在激烈的市场竞争中往往并不切合实际，不仅不够用，而且也不管用。由于市场调查存在偏差，致使成功销售率很低，货款回笼遇到很多问题，因此高程拿不到提成，还会受到很多的责罚。

那时候，不论寒暑，高程都自觉把领带系在颈子上。慢慢地，成功的单子签了一张又一张，遭老板训斥的次数越来越少。三年过后，高程已经成为集团的商贸部副经理，负责整个西南地区的商贸业务。

直到今天，高程已经由副升正，负责全国的商贸业务，在集团里举足轻重，并时常有国内知名公司邀其加盟。老板见到他时，不会说一句重话，话语间多了从未有过的客气和尊重。

老板不能不客气，因为现在高程已经是个“有本事的人”。高程的确可以扬眉吐气了，不再轻易受委屈，因为他有了让老板尊重他的骄人业绩，有了反过来让老板看他“阴晴圆缺”的资本。

俗话说得好，会受气的人受一时的气，不会受气的人受一辈子的气；奋进的人忍受一时的工资低，不懂学习的人一辈子工资低。业界的前辈曾经总结过一个小小的规律，企业员工离职的“高发期”主要有两道“槛”。

第一道“槛”是新员工加入3～6个月的时候。

这时候，他们对企业尚处于适应和观望的状态。这时候，如果发现自身性格、能力与企业的要求存在差距，或者发现企业的实际运作尤其是薪资、福利状况与自己对企业的期望存在差距，特别是在工作中遇到一点小挫折、受到一点小责罚，就很可能受不了委屈，负气跳槽。

第二道“槛”是当员工在一家企业服务两年左右的时间后。

这时候，他们对本职工作已经相当熟悉，急欲寻求突破和提升，但现实的情况并不总是尽遂人意，如果察觉上司对其工作并无充分肯定、尊重之意，极端的反应可能就会是——痛恨老板没有眼光，但又自忖遇人不淑，不愿在此屈从，一口气咽不下去，遂以辞职来抗争。

跳槽没有想象的那样好！受了委屈，就要辞职吗？工资低，就要辞职吗？辞职了，果真就有效吗？

积极面对问题，而不是消极逃避

有些人遇到问题的时候，不会积极应对，只是消极逃避，甚至说些“我不干了”的言语。这样的心态是不可取的。职场中，任何一个人都会遇到问题，只有积极应对才是聪明之举；一味地逃避，何时才能出头？又何来忠诚？

人在职场身不由己，如何在这个“江湖”中，混出个名堂来，不仅要眼耳通用，还要小心自己的弱点被暴露。一旦不慎曝光，就有可能被上司打入“冷宫”。此时此刻，如何才能度过尴尬的日子，怎样才能用技巧化险为夷呢？

职场积聚着能量，并不能简单地用职业能力、经验来概括，它还包括了职场人在职场中所积淀的精神、气质、眼光、胸怀、直觉等无法用能力、经验来代替的东西。遇到问题的时候，最好的办法就是积极应对。

职场中人，或是因为事情烦琐，或同事之间的竞争与矛盾等，经常会出现一些心理问题。时间长了，有人就以为自己患了心理疾病。其实，有些心理问题完全不必担心，也不必紧张到有点困惑就扣上心理疾病的帽子。

有人说：“我想的事情太多了，脑子里每天都是一团糟。”其实，想得过多是再正常不过的事情，你可以经常问自己：“这个真的很重要吗？需要我花那么多精力吗？”这种练习会让你逐渐清醒。

有人说：“我担心其他人对我有看法。”其实，评估和留意其他人对自己的看法是一件好事，并不需要我们为此耗费太多的精力。

有人说：“我很容易心烦意乱，情绪就像过山车。”可是，这并不意味着你患有注意力不集中症，你可能只是需要休息。

有人说："我总是失眠，想着第二天的事情。"事实上，大部分人都会时不时地失眠。在睡觉前，只要花点时间为明天做个计划，就不必躺在床上胡思乱想了。

有人说："当我有点头疼，我就担忧是否身体出了问题。"这时候，要注意自己的生理感觉，没必要因为一点疼痛就匆忙跑去急诊室。

有人说："我极度缺乏自信，每天都过得很压抑。"不可否认，工作和生活有时让会我们难以应付，可是只要对自己多一点自信，专注做好你的每件事就可以了。

所以，在职场中，我们都应该有一颗积极的心，要用崭新的姿态、广阔的胸怀来挑战职场中的事情，从而建立十足的信念，专注做好每一件事情！

"裸辞"忌讳感情用事

每到年前，很多年轻人都会为了在年后找个更好的工作，冲动之下选择了辞职。可是，怎料到，节后求职更费劲！有些人甚至找工作遇到困难，只好将就就业。职业需要规划，并不是冲动就能解决问题的。辞职前，要做好承担后果的充分准备，不可轻率为之。

年前，在外贸公司工作的李建拿到年终奖后，潇洒递上了辞职信。李建本来希望年后能到新公司重新开始，可是事与愿违。他虽然接连参加了几次招聘会，可是依然求职无果，李建不得不再次加入浩浩荡荡的求职大军。

李建发现，身边有几个朋友也跟他一样，在年前辞职了，本想过年后找个更好的工作，没想却彻底地"放大假"了。

"裸辞"，是今天职场中的一个流行词，而且资料显示"裸辞族"的队

伍还在越来越壮大。有些人是因为工作压力大，有些人是因为福利待遇低，有些人是因为发展空间小，有些人是因为人际关系处理不好……调查发现，年前冲动“裸辞”，节后费劲求职，这是最近职场上出现的新现象。

郭华大学毕业后应聘到在一家婚庆公司做文职，已经有两年的时间了，属北漂一族。郭华不满足于自己的现状：工资太低，工作无聊，自己已经与外界隔绝，看不到未来……想找一份具有挑战性的工作，即使累一些、压力大一些也无所谓。

可是，要找到这样一份实现自我抱负的工作，对于一个外地普通高校毕业学生来说，还是有一定困难的。最后，郭华选择了裸辞，准备开春在北京一心一意投入找工作。

今天，像郭华这样选择裸辞的年轻人越来越多，特别是在北京、上海、广州这样的一线城市，裸辞现象与日俱增。有些是因为工作太枯燥、不能实现抱负；有些是对薪酬福利和发展空间不满意；有些是因为压力太大、身心俱疲，想暂时先给自己放个假；有些是因为人际关系处理不善，与同事有冲突；还有一些职场新人一时无法适应工作就想一走了之，等等。

调查显示，超过80%的被调查者有过裸辞的念头。越来越多的职场人士开始关注自己心灵深处的快乐和追求，而不只局限于薪水、职位等因素，这是有利的一面；但另一方面，裸辞如果处理不当，也会带来消极的一面，如不能重新就业、反复的跳槽会造成较高的时间成本和生活成本等。

对于一些人想通过裸辞来调节情绪、逃避工作中遇到的难题的做法，辞职并不是一种好的方法，在哪里工作都会遇到各种问题，想办法在工作中解决才是王道。而且，跳槽并非不可以，但裸辞不该成为首选，在辞职之前首先得保证你能顺利再次就业。

从目前来说，就业难仍然是社会关注的一个热点话题。因此，裸辞需慎重，要理性对待，否则就可能成为一场职业裸奔。如果你想辞职，就要冷静、理性地分析一下情况，这样才能作出理智的决定。

1. 工作再痛苦，也要先做好梳理

不可否认，“裸辞”一身轻。可是在“裸辞”之前，最好还是为之前的工作经历做一个回顾和检讨。即使有些不愉快的经历，也是你追根溯源寻找问题原因的好机会。多从自己的身上发现问题，总结得失，形成经验，避免在之后的工作中再出现类似问题。这对你的职业发展来说是难得的成长契机。

2. 深度思考长远职业生涯规划，做好下一次的求职计划

根据前面的思考和总结，详细做一番职业规划。事实证明，有据可循的发展一定比毫无目标的“乱撞”来得有效率。如果感觉之前的工作不适合自己，千万不要瞎猜，为了防止再次出现“恶性循环”，最好问问职业规划师的意见，比起你自己胡思乱想，这个方法会更直接更有效。

3. 珍惜调整机会，有计划有规划地享受“裸辞”

“裸辞”只是暂时逃避压力的方法，对于绝大多数白领来说，最终还是要回归职场。因此，当自己情绪激动时，尽量不要因为冲动而作出重大决定。冲动是魔鬼，“裸辞”前一定要先做规划，三思而后行。

※ 俗话说得好，会受气的人受一时的气；不会受气的人受一辈子的气。受气，并不是出格的要求或责罚，难道真的一点都不能忍受

吗？要知道，退一步，海阔天空！

※ 在职场中，我们都应该有一颗真诚的心，要用崭新的姿态、广阔的胸怀来挑战职场中的事情，从而建立十足的信念，专注做好每一件事情！

※ 对于一些人想通过裸辞来调节情绪、逃避工作中遇到的难题的做法，辞职并不是一种好的方法，在哪里工作都会遇到各种问题，想办法在工作中解决才是王道。而且，跳槽并非不可以，但裸辞不该成为首选，在辞职之前首先得保证你能顺利再次就业。

第4部分

打造忠诚，提升自我职业素养

打造对公司忠诚度的过程，也就是提升自我职业素养的过程。良好的职业素养，既是职场竞争力的基础，也是成功的关键。

第15章 忠诚是职业素质和美德

忠诚是一种良好的职业素养和美德，一定要让自己向这个方向发展。忠诚，能够激发出责任感；责任心也是忠诚度的保证和量度。

是否忠诚检验员工的职业素养

忠诚，既是企业生存和发展的精神支柱，也是企业的生存之本。只有忠诚于自己的企业，才有权利享受企业给自身带来的利益。违背了忠诚这一原则，任何一个员工都会遭受损失；具有了这种素养，则会让自己受益无穷。因为，忠诚也是检验员工是否合格的一种职业素养。

林峰是一个很有才华的年轻人，他曾经就读于海外名校，并且在那里取得了博士学位。按理说，像他这样的人才应该是各个企业争相抢夺的，然而事实上林峰不仅没有找到工作，还被很多公司列上了黑名单。

为什么会出现这种情况呢？原来，林峰虽然才华出众，但是品行却非常差，他在职时经常泄露公司的机密，为自己谋求更高的利益。在刚刚毕业回国的时候，林峰在一家研究院里工作，并且凭借自己的才华，发明一项专利技术。后来，林峰嫌这家研究院的薪水待遇太低，就跳槽去了一家大公司，并带走了自己的研究成果。林峰的做法让研究院遭受了不小的损失，而他却凭借该项技术成为了新公司的高管。

可是，林峰并没有满足，不久之后又窃取了公司的商业机密，投奔了这家公司的竞争对手。就这样，林峰在一年之内连续换了几家公司，每一次出走都会带走公司的商业机密，让原公司遭受严重的损失。后来，林峰的坏名声在业内已是广为人知，很多企业都纷纷把他列上了黑名单，并且明确表示永远不会雇用他。

在我们工作的环境里，总是会充斥各种各样的诱惑，意志不坚定的员工很可能受此影响。然而，一名优秀的员工永远不会因为私欲而做出违背道德原则的事情。那些为了个人利益出卖公司利益的员工，到了哪里都不会受到公司欢迎。

对公司不忠的人，出卖的不仅仅是公司的利益，还出卖了自己的尊严和人格，即使是那些从他们手中得到利益的人，也会对这种员工嗤之以鼻。所以说，背叛公司，背叛老板，就等于是背叛自己，最终的结果必然是一步步走向失败。

不注意保守秘密是一种极不负责的态度，势必会使公司在各个方面处于不利。所以，员工一定要处处以公司利益为重，处处严格要求自己，做到慎之又慎。否则，不经意的一言一行就泄露了公司的商业秘密。

有一次，美国的一家企业派自己的代表和英国的裘皮商进行贸易谈判。在中间休息的时候，裘皮商人主动给美国的谈判人员递了一支烟，然后两人便东拉西扯地聊起来。

裘皮商问："今年的黄狼皮比去年好吧？"美国人随意地应了声："还不错。"裘皮商紧接着跟了一句："想买二十多万张不成问题吧？"此时，美国的谈判人员依然没有意识到对方在套自己的话，于是不经意地说："没问题。"

在不知不觉中，英国商人已经了解到：美国有大量的黄狼皮在寻找买家。得到这一重要商情之后，在随后的谈判中，英国商人便以比原方案高出5%的价格，主动向美国商人递出了2万张黄狼皮的购买单。

美国商人大喜过望，可是，很快他们就发现，在英国市场中有人用低于英国商人的报价大量抛售黄狼皮。当美国商人向其他国家的报价全部被顶回时，他们才恍然大悟：原来英国商人是有意用高价稳住自己，使其他的商人不敢问津；然后，便大量抛售他们几十万张的库存，以微小的代价换了个先手出货。

一旦投身到企业中，个人的利益甚至命运就已经与这个企业联系在了一起。因此，作为员工，应该关心企业的发展，为企业的发展献计献策。忠诚的员工，不管在什么时候，都会将企业装在心中。他们会将企业的兴衰成败与自己的发展联系在一起，愿意为企业的兴旺发达贡献自己的一份力量。

忠诚，不仅是一种受雇于企业所必须具备的品德，更是一种能力，一种统率其他能力的核心。只有怀有忠诚之心的人，才有被雇用的资格，才有被器重的根基，才有在企业立足的根本。否则，不仅很难获得企业老板的信任，甚至还会被对方无情地抛弃。

工作是一种责任，更是一种义务，是人生中不可或缺的一部分，一旦你接手去做，就一定要投注极大的热情，竭尽全力完美达成，让自己“工作着，并快乐着”；一旦把工作当儿戏，注定儿戏自己一生。

像弗雷德那样，争做一个卓越的员工

不管是在任何时期、任何地方都能凸显出职场中的“长期价值”，为了改变现状，就要做点事情，争做一名卓越的员工。因为机会都是给予有准备的人，你不准备，只能获得小范围的“工作成绩”，无法达到职场中的“价值成就”。

弗雷德是一名巴西足球运动员，前锋。

1983年10月3日，弗雷德出生在巴西。2003年，20岁时，弗雷德开始了自己的职业生涯，在米内罗美洲队踢球。2005年8月，弗雷德加盟里昂，是这支法甲冠军队内的重要攻击手。2009年2月弗雷德回到巴甲，加盟弗卢米嫩塞足球俱乐部。

不可否认，在足球领域，弗雷德是卓越的！不管在何种场合，忠诚的员工都不会被埋没，他们就像藏在布袋中的锥子，终有脱颖而出的机会。

是金子总是会发光的！做优秀员工，可以得到精神上的愉悦，如果每位员工都有当优秀员工的志向的话，不仅会给企业带来益处，还对提高自身的素质有着不可估量的作用。

在企业已供职多年的林轩，最近比较郁闷纠结：自己连续5年都被评为公司的“先进员工”，可是为什么升职加薪却总与自己失之交臂呢？自己究竟还有哪些没有做到？

从一毕业就进入这家公司，一天到晚兢兢业业，任劳任怨。到今年算起来林轩在公司整整待了6年，可细细想起来，再看看一路走过的脚印，却好像还是“原地踏步”。

在平时的工作中，林轩不喜欢发表个人见解，总用张三或李四的话来转述自己的观点，或许这样让公司领导和同事觉得他是个随和的好人，同时也是个好说话的主儿。可是，他平日里和老同学聚会时却“很疯”，这又怎么解释呢？

林轩在A公司得不到重用，让人觉得她是个“好先进”但却并不是个“好员工”，不能独当一面，只适合“泡”在基层工作，却不能委以重任。怪不得，陷入沉思与回想中的林轩，“很纠结”！

其实，职场中，想林轩一样的职场人士有很多。他们在职场中奔波了

多年，却仍然不能有一点“成就感”，连个基层主管都没“捞着”，陷入“仅仅是所谓先进”的怪圈。

不可否认，案例中的林轩的确有许多可圈可点的优点，可是“好员工”并不等于是企业中的有价值员工，同时也并不是成就职场上升的一个重要因素。同样是上班，为什么有的人几年后当上了经理、总监或总经理，有的人还是一名普通员工呢？

职场中，从来都不是“一团和气”和“安于现状”能够作出成绩的，在企业或团队中的“先进”仅仅说明你相较于其他员工是“优秀”的，但并非“卓越”的。这也仅仅是从一个比较小的侧面体现出你的品行是被大家认可的，但你与价值员工和卓越表现还相距甚远。

决定一个员工是否升级，关键在于员工为企业所创造的价值，所以，员工在关心位子、票子、面子之前，先要想好如何提高工作价值。

工作强度不等于工作价值，勤劳程度不等于工作价值，学历高低不等于工作价值，甚至经验多少也不等于工作价值。衡量工作价值的标准就是工作业绩、工作贡献。一个人要想提高工作价值，就一定要以企业为中心，以业绩为导向，为企业作贡献，这才是价值的体现。

林轩的职场之路之所以会“停滞不前”，主要原因就在于没有增加“长期价值砝码”，对自己的职业生涯比较模糊。天下没有不散的筵席，“铁饭碗”的时代早已一去不复返，谁也不能保证在某企业、单位或团队中一劳永逸，抱守终身。

机会都是给予有准备的人，如果不做准备，结果只能像林轩一样，只有小范围的“工作成绩”，却无法达到职场中的“价值成就”。那么，如何成为一名好员工，成就职场呢？

1. 梦想让目标与执行起航

职场中，要想成为一个“有价值好员工”，首先，就要有一个梦想。

在梦想阶段，要用倒着思考的方法，接着正着去做，然后再想要做什么和怎么做才能达到这一点；其次，要有一个明确的目标：有了想法和明确目标或职业生涯规划，并全力以赴去有序实施。

2. 自信心态等待“否极泰来”

要想成就职场上的“好员工”，就要对自己有信心，相信自己来到这个世上，不会碌碌无为地白走一遭，即使干不出一番大事业，也一定能小有所成。

自信，能使人产生一种巨大的力量，能使你克服意想不到的困难和挫折，能使你本来觉得不可能的事情变为现实。作为一名普通人，无论做什么事都要想“我能成功”，遇到困难一定要想“我能克服”。

3. 不断学习，拥有一技之长

职场上，对于价值员工的成长来说，学习是十分重要的。当一个员工工作勤奋刻苦、心无旁骛时，他才会真正钻到工作中去，才能把工作做得更出色。同时，还要做到学有专长，成为某一方面的骨干或“尖子”。如果放弃对新知识的学习、新技能的掌握、新问题的研究，即使是“老职场”，也可能落伍。

跳槽时代，忠诚越发显得可贵

员工频繁跳槽，最直接受到损害的是公司。员工刚进入公司时，还不能为公司创造出同等的价值，许多公司总是不惜一切代价对员工进行培训。当员工积累了一定的工作经验，正能为企业所用的时候，经常连招呼都不打，就跳槽而去。跳槽时代，忠诚显得越发可贵！

当前，跳槽的风气正在逐渐蔓延，许多员工换工作如同换衣服一样，甚至记不清楚自己之前具体做过些什么工作，从而导致整个职业环境逐渐恶化，就连一些忠诚的员工也不可避免地受到影响。

刘薇可谓是跳槽达人。她刚毕业时，被分配到一所公立学校做语文教师。可是，她却说："这份工作太累，而且工资又少。家有三斗粮，不当孩子王。"于是，便递交了辞呈。

很快，刘薇就被一家公司高薪聘为经理助理。上岗之初，她感觉良好，可是正式到岗一个月后，她又炒了老板，她说："公司工作环境太差了，说话不能大声，不能接电话，尤其是经常性地突如其来地加班，让我很不适应。这样的环境，给我再高的收入也不能再待下去了。"

这件事情之后，刘薇又因为种种原因，比如人际关系、收入、工作环境等，两年中换了6个不同的工作。开始她还自豪地说："没有跳过槽的人是没有价值的人。"可是，现在当遇到熟人、朋友时，她都觉得抬不起头来。由于她频繁地换工作，无论专业知识还是行业经验都非常缺乏。随着年龄的增长，要想找到更好的高薪职位，谈何容易。

通过刘薇的经历，我们一定要明白一个道理：工作并不单纯是换取面包的方式，更重要的是可以使我们积累丰富的工作经验、实现人生理想、体现个人价值。选择了一份工作之后，就必须踏踏实实地作出成绩，避免频繁跳槽，惨遭淘汰。

不可否认，职场中，这样的员工最可爱：他们并没有被跳槽的风气所传染，仍旧忠诚于公司，忠诚于自己的工作。他们深深地明白，跳槽，受伤最深的只能是自己。

员工频繁跳槽，是缺乏忠诚度的表现。西门子中国有限公司就曾明确表示，那些每半年、一年就换工作的人，公司是不需要的。他们认为，一名对公司没有归宿感、随时准备跳槽的员工，缺乏对企业最起码的忠诚。这样的人无论智慧多么超群，能力多么优秀，企业也不会轻易录用。西门子的用人原则之一就是拒绝频繁跳槽的员工。

西门子刚进入中国市场时，一家分公司曾招聘了一批新员工，经过长时间的培训之后，他们陆续成长为公司的精英骨干，并且具备解决一些实际问题的能力。正是由于他们业务能力突出，一时间，公司的订单源源不断，利润大幅度增加。

分公司老板对他们更是另眼相看，关爱有加。可是，没有想到的是，一名业务主管有了另起炉灶的念头。他认为，凭借着自己手里现有的业务精英和客户群信息，一定会比在这里打工更有发展前途。于是，说干就干，他开始偷偷自己联系业务。

为了拉拢更多的客户，这名业务主管还会给一些客户回扣。最严重的一次，他竟然在与外商谈判时，在中间做手脚，企业损失惨重。

老板知道这件事情后非常生气，把业务主管以及涉及此事的业务人员全部炒了鱿鱼。这次的恶性事件，使该分公司元气大伤。

或许正是因为这个原因，西门子公司才会明确要求员工忠诚。如果员工缺乏经验，能力不足，都可以通过后期的工作培训来弥补；可是一旦员工缺少对企业的忠诚，必然会给企业埋下一颗定时炸弹，一旦爆炸，损失将无比惨重。

从更深层次的角度看，频繁跳槽，受伤害最深的还是员工本人，而且可以说是得不偿失。频繁地调换工作，需要适应新的工作环境，工作经验也难以达到持续的积累。频繁跳槽的员工，没有明确自己的发展方向，没有认清自己的奋斗目标，只是盲目地认为“一山更比一山高”。

从职业规划的角度分析，一个人难免会换工作。可是，这种转换必须依托整体的职业规划，并非盲目冲动地跳槽。或许你可以找出一堆跳槽的理由，如领导不重视自己、工作不符合自己的兴趣爱好、同事不理解自己等，甚至认为可以通过跳槽，在新的工作领域获得较高的薪水。可是，一旦养成这种不良习惯，就难免产生逃避困难、不敢面对现实的想法。

杜晓曦毕业之后进入一家民办学校，当了老师。杜晓曦很不甘于这种平稳的生活，甚至忘记了自己当初是历尽艰辛才获得这个职位的。工作不到半年，那些在企业工作的同学有的升职了，有的拿高薪了，看看自己，再比较比较同学，杜晓曦心中十分不甘。

经过一番思想斗争之后，杜晓曦毅然决定辞职。辞职之后，去了一家许诺他试用结束之后可以拿2000元薪水的民营企业。可是，当他拿着800元的试用工资做了不到3个月的时候，又发现这家公司和自己的职位越来越不称自己的心。于是，没等试用结束就打包离开了。

后来，杜晓曦又在不到一年的时间里连续跳了许多次。最近一段时间，杜晓曦显得很疲惫，也很无奈，声称“再也不想这么折腾了。”

这里，杜晓曦一味地追求高阶的职位、高额的薪水，不能很好地认识和规划自身的产能，造成了职业发展的低层次徘徊，人为地给自己的职业发展制造了障碍。

在职业发展这个问题上，一个人所掌握的知识、经验和技能的多寡就代表了他的产能。他所希望获得的职位就是产品，只有很好地处理好了知识、经验、技能的保有程度和职业目标之间的关系，我们的职业生涯才是讲效率和可持续发展的，跳槽行为才是有效的。

也就是说，我们的跳槽决定是建立在自身能力的基础之上的，是能力和职业目标相平衡的结果，而不是想做什么就做什么的事情。想做和能做之间还有很长一段距离，还有很长一段路要走，不是想当然的事情。

每一份工作或每一个工作环境都不可能尽善尽美，这其中必定有许多宝贵的经验和资源值得你借鉴，比如成功的喜悦、失败的教训、和谐的工作氛围、朝夕相处的同事等。如果我们每天都能够带着愉悦感恩的心态面对工作，工作自然是快乐轻松的。

考虑换工作之前，不妨先调整自己的心态，换个角度和心情来看待事情和工作。例如，倘若埋怨上班交通不便，可以改变晚睡的习惯，早点起床；如果感觉怀才不遇，可以找领导谈谈自己的抱负和理想，加深领导对你的了解；如果觉得工作有点超负荷，先问问自己是不是工作效率太低……如此一来，或许你跳槽的念头可以就此打消。

※ 忠诚，不仅是一种受雇于企业所必须具备的品德，更是一种能力，一种统率其他能力的核心。只有怀有忠诚之心的人，才有被雇用的资格，才有被器重的根基，才有在企业立足的根本。否则，不仅很难获得企业老板的信任，甚至还会被对方无情地抛弃。

※ 职场中，“一团和气”或“安于现状”是不能够做出成绩的，在企业或团队中的“先进”仅仅说明你相较于其他员工是“优秀”的，但并非“卓越”的。你与价值员工和卓越表现还相距甚远。

※ 频繁跳槽，受伤害最深的还是员工本人，而且可以说是得不偿失。频繁地调换工作，需要适应新的工作环境，工作经验也难以达到持续的积累。频繁跳槽的员工，没有明确自己的发展方向，没有认清自己的奋斗目标，只是盲目地认为“一山更比一山高”。

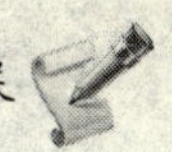

第16章　从时间管理的角度提升忠诚度

忠诚的员工一般都有着良好的时间管理能力，他们不会浪费时间，不会拖延时间，能够在规定的时间里按时、保质地完成工作。忠诚的员工，一般都会管理自己的时间。

开发自己的潜能，忠诚先得自身硬

职场如战场，在这个弥漫着无形的硝烟的地方，仅仅有一技之长还是不够的，要从进入职场的那天开始不断开发自己的潜能。人类是喜欢走捷径的动物，那么捷径是什么呢？当然就是我们本来就已经具有的只是还没有被我们好好利用的潜能。

每一个人都有自己独特的东西，在不同的环境里形成了不同的个性、长处，不管什么情况，积极的心态是战胜命运的有力武器。有人能发挥潜能，能获得职业提升和发展，能获得事业成功，是因为他能始终保持积极的心态，这就是成败的差异。

人生是好是坏，并不是由命运来决定的，而是由心态决定的，我们可以用积极心态看事情，也可以用消极心态。但积极的心态激发潜能，消极的心态抑制潜能。

有个名叫斯蒂文的美国人，一次意外导致双腿无法行走，已经依靠轮椅生活了20年。他觉得自己的人生失去了意义，每天依赖喝酒打发时间。

有一天，斯蒂文从酒馆出来，照常坐轮椅回家，却碰上三个劫匪要抢他的钱包。斯蒂文拼命呐喊、拼命反抗，被逼急了的劫匪竟然放火烧他的轮椅。轮椅很快燃烧起来，求生的欲望让斯蒂文忘记了自己的双腿不能行走，他立即从轮椅上站起来，一口气跑了一条街。

事情过去之后，斯蒂文说："如果当时我不逃，一定会被烧伤，甚至被烧死。当时，我忘了一切，一跃而起，拼命逃走。当我终于停下脚步后，才发现自己竟然会走了。"

现在，斯蒂文已经找到了一份工作，他身体健康，与正常人一样行走，并到处旅游。

一双20年来无法动弹的腿，竟然于危在旦夕的关头站了起来。这不禁让我们产生疑问：到底是什么因素使斯蒂文产生这种"超常力量"的呢？显然，这并不仅仅是身体的本能反应，它还涉及人的内在精神在关键时刻所爆发出的巨大力量。

著名作家柯林·威尔森曾用富有激情的笔调写道："在我们的潜意识中，在靠近日常生活意识的表层的地方，有一种'过剩能量储藏箱'，存放着准备使用的能量，就好像存放在银行里个人账户中的钱一样，在我们需要使用的时候，就可以派上用场。"

一般来说，人在承受意料之外的重压时，都会产生极度紧张的情绪。当情绪处于高度应激状态时，激活水平会快速发生变化，大脑皮层的某些区域会出现高度兴奋。在这种情况下，人们可能急中生智，表现出平时没有的智力或能力，做出平时不能做出的勇敢行为，发挥出巨大的潜能，促使事情发生意想不到的转变。

现在已经是十几家服装连锁店老板的周晓丽便是一个超越压力而发挥潜能的典型。

十几年前，周晓丽从单位下岗了。那时，她已经离异两年了，独自带着两个孩子生活。周晓丽没有其他经济来源。加之，她既未受过正式教育，又没有谋生技能，危机降临到周晓丽的头上。更可怜的是，在下岗决定试着创业后，她却因为上当，被骗走了所有的积蓄。

周晓丽上街当起了擦鞋女，靠替人擦鞋赚取少得可怜的收入。在所有人看来，她的境遇够悲惨的了。可是，周晓丽却没有因此放弃希望。

有一天，周晓丽去市场选购服装，发现适合中年女性穿着的服装只有少得可怜的几种尺码，花色也非常呆板。周晓丽得知，大量的服装是由外地一家服装厂制造的，样式千篇一律，做工粗糙，一点也不能表现出中年女性的美感。危机中的周晓丽马上意识到这一发现的价值，她决定改良服装，满足中年女性的多样需求。

于是，周晓丽便开始在家里为有需要的中年女性改缝她设计的衣服。由于改缝的衣服美观、实用且有特殊的风格，因而立即受到了顾客的欢迎，周晓丽的生意也就越做越大。后来，周晓丽创办了自己的服装厂，专门为中年女性生产各种样式的服装。后来，周晓丽还开起了服装店，并且很快就到省城开了连锁店，公司不断扩大。

周晓丽在压力中产生的灵感不但从危机中挽救了她，而且还促成了她的成功。周晓丽的例子在生活中并不少见。如果周晓丽一直过着养尊处优的生活，她是绝不会想到那一点的，因为她没压力感，根本不会去积极发挥自己全部的潜能，寻求摆脱困境的办法。

古语曾有“置之死地而后生”“破釜沉舟”等说法，的确，压力在很多时候能激发出强大的精神力量，把人的潜能发挥到极点。因此，我们除了要对压力有正确认识外，还应该感谢压力所赐予的其他东西，即激发人的潜能。

的确，在巨大的压力作用下，我们的体力和忍耐力都会远远超过平时。只要我们相信能在面对压力时爆发自己的潜能，我们就会产生超凡的智慧和强大的精神动力。有句话说得好，顶级的进步常常来自顶级的压力，要想在激烈的职场竞争中取胜，在工作上做到精益求精，就必须学会与压力共存，化压力为前进的动力，不断激发自己的潜能。

数据显示，绝大部分正常人只运用了自身潜藏能力的 10% 。可以这么说，每个人都有一座“潜能金矿”等待被挖掘。那么，到底怎样才能成功挖掘自己的潜能呢?

1. 树立远大志向

古人说得好，“非志无以成学”“志不强者智不达”。所谓立志就是激励自己走向一条进取的、迎难而上的、智慧的人生之路。人有了志向，就会对自己严格要求，就会克服前进路上的任何困难，他的聪明才智才会发挥出来。

2. 要提高身心健康水平

健康的身体、充沛的精力、愉快的心情可使人的智力机能很好地发挥作用；反之，人的智力活动就会受到压抑。心理健康是开发潜能的基础，要想提高身体健康水平，就要从饮食、睡眠、锻炼三方面进行调整。不断涵养自己的性格，建立和谐的人际关系。

3. 培养良好的心理品质

心理品质包括道德品质、意志品质、自信心、责任心等。研究发现，科学家不但智力水平高，而且在青少年时期就表现得十分坚强，有独立性，这些人充满自信心，有百折不挠的坚持精神。可见，培养良好的心理品质对开发人的学习潜能作用重大。

4. 学会学习

有人说过：“未来的文盲不是不识字的人，而是没有学会学习的人。”学会学习可以使人更有效地发挥出自己的学习潜能。学会学习，主要包括：全身心学习、科学地学习、创新学习等。

拖延，一秒钟都不可以

拖延，是尘封梦想的地狱，是埋葬潜能的坟墓。如果认准了自己喜欢做的事情，并且愿意为之付出不懈努力，就要坚持住，一秒钟都不要拖延！

调查发现，86% 的职场人声称自己有拖延症，仅 4% 的职场人明确声明自己没有拖延症。可见，“拖延症”这个在国外已经出现了 20 年的心理学名词，也已成为我国众多白领为自己贴上的标签。

今天，拖延已经成大部分职场人工作中的常态，需要引起职场人和用人单位的高度警惕和重视，要规避过度的拖延给正常的工作带来的损失和风险。

27 岁的小米是一家公司的策划部职员，上班后每天的生活几乎都是在上述拖拉磨蹭中开始，她自嘲“超级名磨”。到单位后，小米要做的第一件事就是打开 Word 文档，可是直至中午，文档上依然空白一片。

桌面上贴满了各种催人烦的“最后期限”，十万火急的任务这两天必须完成。明知有许多事要做，小米却总是暗示自己再等会儿，再等会儿。先收个菜，刷新下“围脖”，签收淘宝的衣服……这就是小米工作日一天的真实写照。

最后，“不堪其扰”的小米终于鼓起勇气找心理医生就诊，定期进行心理疏导。同时在心理医生的建议下，小米和她的同事一起制订了工作时间表，听取同事的意见合理地安排好每个阶段的工作量，并请同事监督实施。

在特定的时间段里，小米把类似于QQ、MSN的聊天软件，还有诱人的各种网页全部关闭，取而代之的是柔和音乐的播放，可以使自己沉下心来进入全身心投入的工作状态。当任务达成之后，小米也会奖励自己吃一顿美食。

一段时间内做事情井井有条之后，小米便开始回想比较这期间没有焦虑、全力以赴的过程和以前紊乱紧张的体验。如今小米这位曾经的“职场拖延症患者”在经过很好的心理疏导以及切实行动的落实之后变成了一位守时达人。

如今，职场上拖延症已经屡见不鲜。其实早在20世纪40年代，美国就有了“拖延症俱乐部”，成员主要是律师、作家、记者之类。拖延症带来的后果不言而喻：耽误工作、影响情绪、破坏团队协作和人际关系。有时候工作时间拖得越长，工作效率越低。而且，拖延症甚至还会拖垮身体，那么如何才能消除这种坏习惯呢？

1. 今日事今日毕

有些人相信，“压力之下必有勇夫”！其实，这种说法是错误的。你可以列一个设定短期、中期和长期目标的时间表，以避免把什么事情都耽搁到最后一分钟。

2. 确立目标获取动力

要把工作任务融入到人生设计轨道，如果希望自己今年哪方面有所突破，就要遵循这一目标去做，做出系列作品或成绩，从而得到提升。把无法把控的工作，主动变成可以把控，从个人思想方面来做调整，转变自己对工作的要求，从中获取工作动力。

3. 分清主次

职场中，会有一些突发性和迫不及待要解决的问题。成功者花时间在做最重要而不是最紧急的事情。可以把所有工作分成：急并重、重但不急、急但不重、不急也不重四类，依次完成。虽然发每封电子邮件时不一定要字斟句酌，可是呈交老板的计划书一定要周详细密。

4. 消除干扰

关掉QQ，关掉音乐，关掉电视……将一切会影响你工作效率的东西统统关掉，全心全力地去做事情。

5. 互相监督

找些朋友一起克服这个坏习惯，比单打独斗容易得多。

用心做好在职的每一天

如今，一些企业频频传来的裁员消息已经将员工的心理弄得乱七八糟，惶惶不可终日，可是既然你还在其位，即使是最后一班岗，也要站好，以积极态度将工作做到百分百完美。在同样严峻的形势面前，在能力相差无几的情况下，你的态度就是竞争力。

一般来说，忠诚的员工都明白这一点：企业裁员，首先裁的就是那些可替代的人，而那些具有不可替代优势的人相对来说是比较安全的。那么，什么才是不可替代的人呢？不仅要做出非凡的业绩，还要拥有正确的工作态度。

某家企业新招来了一名大学生，叫吴敢，他刚刚大学毕业，脑子里除了从书本上学来的那些理论知识，可以说是什么也不懂。

在吴敢进入公司之后，公司给予了他充分的照顾：不仅为他提供了不错的薪资待遇，帮助他解决了生活上的困难，而且还积极安排他去各个部门实习，让他尽快地融入到公司之中。在公司的全力培养下，吴敢工作上进步十分明显，很快便成为了公司的业务骨干，他本人也在不久之后当上了部门的主管。

然而，让公司领导十分失望的是，升职之后的吴敢并没有因为公司的重点培养而对公司感恩回报，反而天天抱怨自己的工作过于繁重，工资待遇太低。

在这种情绪的影响下，吴敢对工作也失去了原先的热情，起初还只是消极怠工，后来发展到了在公开场合指责同事、领导，不仅自己的本职工作没有做好，而且还影响了其他同事的工作积极性。

吴敢的这种表现让公司领导非常不满，不久之后他就被撤销了主管的职务，又变成了一名普普通通的小职员。

吴敢之所以得而复失，从一名前途光明的公司主管又降为普通的员工，主要原因在于他没有认真做好自己的本职工作。如果没有公司的着力培养，他是不可能从一名懵懵懂懂的大学生摇身一变成为公司的业务精英的；他能在工作上有出色的表现，也是因为公司对他的关怀和照顾。然而，吴敢却没有坚持下来，渐渐地失去了工作热情。

职场中，要时刻记住“有鱼吃了还要逮老鼠”，只有这样，才不会被取消“鱼”，才能在职场上获得长久的稳步的发展！

第一，把工作做到完美。为了企业的发展，除了裁员，各个企业都在缩减财政支出，比如取消加班、下调工资、降低奖金等，面对这种形势，很多人都会愤愤不平，可是不满归不满，依然要认真工作，要追求完美，避免瑕疵。

第二，不要传播小道消息。职场中，最让人厌恶的行为就是传播小道

消息，例如，“喂，你知道吗！我听说咱们公司的×××要被裁了。”“听说年底的奖金泡汤了，唉!”“听说咱们的主管要走了?”……对于这样的议论，最好不要参与，尤其不要去传小道消息。

第三，用业绩说话。能够被公司裁员的通常有两类人：一类人是确实没能力，或者有能力但不肯付出；一类人对公司还有一定价值，只不过基于目前的经济形势，公司不得不忍痛割爱。如果你是第二类人，那么你还有机会通过努力将自己从死亡线上救回来。

第四，打造自己的不可替代性。在企业中，如果你所处的岗位就是容易被边缘化的岗位，那么就有了危机。一般来说，相对边缘一些的岗位就是行政、人力资源、财务、办公室、战略规划部、企划部等，在企业价值链条中，这些岗位相对危险。如果处在容易被边缘化的岗位上，在平时就应该加强自己的危机意识，想办法增强自己的优势。

※ 一般来说，人在承受意料之外的重压时，都会产生极度紧张的情绪。在这种情况下，人们可能急中生智，表现出平时没有的智力或能力，做出平时不能做出的勇敢行为，发挥出巨大的潜能，促使事情发生意想不到的转变。

※ 拖延症带来的后果不言而喻：耽误工作、影响情绪、破坏团队协作和人际关系。有时候工作时间拖得越长，工作效率越低。而且，拖延症甚至还会拖垮身体。

※ 为了企业的发展，除了裁员，各个企业都在缩减财政支出，比如取消加班、下调工资、降低奖金等，面对这种形势，很多人都会愤愤不平，可是不满归不满，依然要认真工作，要追求完美，避免瑕疵。

第 17 章　主动一点，再主动一点

职场中，能够作出成绩的员工工作起来一般都积极主动。对工作，不但心里要有数，而且眼里要有活。为了让自己的职场之路走得顺风顺水，就要主动一点，再主动一点。

自动自发是对忠诚的最好诠释

主动积极是做好工作的基础。主动，就是靠自发动力行动，就是主动承担工作；积极，就是以积极的心态完成工作。要想做一个忠诚的员工，就要养成主动积极的工作品质。

一个和尚在寺庙里待了几年了，可还是做扫地、端茶的工作。有一天，他越想越生气，去找方丈说理："我在这儿辛辛苦苦干了几年了，为什么还是让我扫地、端茶？太没道理了！"

方丈捋了捋胡子，慢条斯理地说："难道你没有发现，你扫地从来不知道把垃圾处理掉，端茶时也不知道把桌子上的灰尘抹掉吗？"

方丈一语中的！不可否认，和尚工作失败的原因就在于，他没有主动

精神，不知道主动做一些没有人交代他做的事情。

有主动精神的员工，会勇于负责，有独立思考能力。这些员工有别于那些像机器一样的员工，他们不会按别人的吩咐机械地完成工作，他们往往会发挥创意，出色地完成任务。

而不能积极主动工作的员工，则墨守成规、害怕犯错，凡事只求遵循公司规则。他们会告诉自己，老板没有让我做的事，我又何必插手呢？又没有额外的奖励！这两种不同的想法会明显地导致不同的工作表现。

成功的机会不会白白降临到你的身上，只有那些主动做事、主动工作的人才能获得更多的机会。但遗憾的是，意识到这一点的人并不多，大多数人早已养成了拖延、懒惰的习惯。

对于每一名职场中的人来说，工作首先是一个态度问题，需要热情和行动，需要努力和勤奋，需要一种积极主动的精神和态度。事业的成功取决于态度！如果你能够以主动积极的心态对待工作，工作中表现得比老板更积极主动，那么你必定是一个合格的、优秀的人。在这种心态的引导下，你必然会获得自己事业上的长远发展。

贾晓亮和张肖同时受雇于一家小超市做采购，并且拿同样的薪水。可是一段时间后，贾晓亮的薪水一节节高升，而张肖的却仍在原地踏步。张肖很不满意老板的不公正对待，终于有一天，他到老板那儿发牢骚了。

老板一边耐心地听着他的牢骚，一边在心里盘算，要怎样向他解释清楚他与贾晓亮之间的差别。

想了想，老板开口说："张肖，你早上到集市去一下，看看今天早上有卖什么的。"

张肖从集市上回来向老板汇报说："今早集市上只有一个农民拉了一车土豆在卖。"

"有多少？"老板问。

张肖赶快戴上帽子又跑到集市上，然后回来告诉老板："一共40袋。"

“价格是多少?”

张肖又第三次跑到集市上问来了价钱。

“好吧,”老板对他说,“现在请你坐到这把椅子上,一句话也不要说,看看贾晓亮是怎么做的。”

贾晓亮很快就从集市上回来了,汇报说:“到现在为止只有一个农民在卖土豆,一共40袋。土豆质量很不错,我还带回来一个让老板看看。昨天,那个农民铺子里的西红柿卖得很快,库存已经不多了。我想这么便宜的西红柿,老板肯定还要进一些的,所以我不仅带回了一个西红柿做样品,而且把那个农民也带来了,他现在正在外面等回话呢。”

此时,老板转向了张肖:“你现在肯定知道为什么贾晓亮的工资比你高了吧?因为他工作比你主动。他不但做了我交代的事,还做了我没交代的,可是却是他的职责范围的事。”

贾晓亮告诉我们,工作的时候,不能只做老板告知你的事,而要做必须要做的事。其实,我们都是在替自己工作。没错,你的薪水是公司发的,老板指派工作给你,评价你的工作绩效。但更主要的是,要怎么做是控制在你的手中的,能否积极主动地工作完全取决于你。

1. 把公司当成自己的家

任何一个有理智的人对自己的家庭都是悉心呵护的,想使自己的家庭幸福美满,生活越过越富有。为这个家,他知道怎么尽心尽力。

公司就是由更多的人组成的一个大家庭,如果每一个成员都能像呵护自己的小家庭一样对待公司这个大家庭,与大家庭荣辱与共,怎么可能不积极工作?

2. 具备良好的思想品德

思想品德是人的素质中最宝贵的,具备优良的思想品德,你就会不讲

价钱、不计报酬、积极主动地去完成任务。而当你出色地完成任务，会得到认可，也会得到回报。

3. 主动积极要从点滴做起

实现自己的人生目标要着眼长远，立足点滴。按部就班从点滴做下去是实现任何目标的唯一聪明做法，要把做任何一件事当成自己向前跨步的好机会，意味着吃苦，意味着付出，有投入才能有产出。从点滴做起，不怕吃苦，就能积小为大，积少成多。

4. 主动寻找答案

如果有了积极主动的工作态度，则在碰到问题时，会积极主动地去想办法解决，即使自己想出来的办法很差，但也能保证问题的解决；或者自己想不出办法时，能积极主动地去请教别人，这种习惯，不只是谦虚的问题，更是一种做事的态度。

5. 不断自我总结

如果有了积极主动的工作态度，则在做完事情以后，就能不断地进行自我总结回顾，从中发现存在的问题。不只是对事情本身进行总结，还包括处理事情的过程、思维方式方法，这样不断自我总结，既可以提高能力，也进一步强化了积极主动、认真负责的态度。

做好小事，感动身边人

一切从小事做起，是任何一名员工做好工作的第一步；也是员工调整好心态，积极主动去工作的第一步。职场上根本不存在什么不值得做的事情，即使是一件最小的事也同样重要，也需要你全心全意地把它做好——

即便它们很琐碎，很微不足道！

萧林在一家企业工作已经有两个月时间，他的职位是行政助理，每天都是做一些很简单的琐事，例如收发文件、订机票、买文具等。

每天都是按部就班地干活，萧林觉得很枯燥，一点挑战性都没有，做不好还要受领导批评。萧林觉得，现在的工作状况和自己想象中差距很大，自己的特长也不能得到发挥，他已经没有耐心继续坚持下去了。

很多高校毕业生初涉职场时都有这样的心态，他们认为自己起码是个本科生或者出身名校，应该负责比较有挑战性的工作，觉得大材小用，对事务性工作不屑一顾，甚至认为自己应该在工作中发挥独当一面的作用。

可是，要知道，“做小事”是一回事，“做好小事”是另一回事。小事做起来是枯燥的，需要员工有持之以恒的信念和毅力。员工能力的高低在很大程度上体现在能否把事情做透、做好，即事情的细节反映出做事的水平。如果以消极的心态对待“小事”，只把小事作为一个形式，敷衍了事，浅尝辄止，则会连“小事”都做不了。

做“小事”是一种做事的方法，更是一种人生态度。学历高低只能证明你的文化素质，并不能代表你的能力。企业用人更看重你的做事能力，不会做“小事”的人肯定也不会做“大事”。因此，每个员工都应该从现在做起，从本职做起，既胸怀大志，又远离浮躁，在“做小事”中历练自己，争取早日成为企业的栋梁之才。

杨舒是知名大学的毕业生，他以优异的成绩进入了一家省级机关。他雄心万丈，本想一展拳脚，不料上班后才发现，每日的工作无非是些琐碎事务。这让他大失所望。

一次单位开会，部门的同事们都在彻夜准备文件，分配给杨舒的工作是装订和封套。处长再三叮嘱：“一定要做好准备工作，别到时弄得措手不及。”杨舒却不以为然：小孩子也会的事，还用得着这样告诉大学生吗？

当同事们都在忙碌时，杨舒却只是在旁边看报纸。文件终于交到他手里。他开始一件件装订，没想到只订了几份，订书机就“喀”地一响，原来是订书钉用完了。

杨舒漫不经心地打开订书钉的纸盒，脑中“轰”的一声——里面是空的。杨舒翻箱倒柜地寻找了一番，可是一根也没找到。这时候，已经是深夜11点半了，文件必须在次日8点大会召开之前发到代表手中。处长看到这个情况，非常生气：“连这点小事也做不好，你这个大学生有什么用啊!”

杨舒低下头，无言以对。他没有说话，径直走了出去。直到凌晨3点时，才在一家通宵服务的商务中心里找到了订书钉，最终赶在开会之前，将文件整齐漂亮地发到代表手中。

事情过去之后，杨舒以为处长一定会狠狠地批评他一顿，可是没有想到处长却只说了一句：“记住，最小的事也同样是重要的事。”

后来，杨舒和朋友说起了这件事。杨舒说：“那是我一生受用不尽的一句话，让我深刻地领悟到：用浮躁的心是做不成任何事的，最微小的过失都会造成全局的被动。”

在通往成功的路上，真正的障碍，有时只是一点点疏忽与轻视，就像那一盒小小的订书钉。因此，为了避免这种情况的出现，应该做到以下几点。

1. 做好身边的小事

只有脚踏实地做好身边的每一件小事，才有可能成为做每一件事都能成功的人！很多人因为小事不做，而终成不了大事，机会往往就在你的妄想中溜走了。只有踏踏实实地做好手头的每一份工作，才会有更好、更大的工作等着你去完成。

2. 一步一个脚印地做事

如果没有细致入微的工作态度，即使具有再好的工作环境和工作能力，你也难以取得最后的成功。只有一步一个脚印，不带任何侥幸和麻痹心理地做好每件事，才能真正做好任何可以做到的事。成功永远属于注重细节、一步一个脚印追寻自己梦想的人！

3. 付出全部的热情

成功者与失败者的相同之处在于，他们都做着同样简单的小事；而他们的不同之处则在于，成功者从不认为他们所做的事是简单的小事，而失败者从不认为他们所做的事会有什么大不了。要做一名成功者，你就要记住：每个人所做的工作，本身就都是由小事构成的，你必须全身心地付出你的热情和努力，才能把每件事真正做到完美。

主动思考一小步，事业前进一大步

依靠拐杖走路，可以让我们走得更稳。可是在职场中，这样的依赖心理对于一个渴望成功的人来说，却是大忌。遇到困难虽然可以向别人求助，可是如果形成了习惯，凡事都靠别人帮忙，渐渐就会失去独立思考的能力。

职场中，有些人在做事的时候喜欢完全听从老板的吩咐，不会思考，所以很多事情没有经过自己的深思熟虑而做得差强人意，与老板的意图相差千里。他们认为，只要服从老板的命令，踏实、老实、本分地工作就足够了，至于自己的一些想法还是不加入为好，免得与老板的意图相左，免得将事情搞砸。如果你还秉承着这种工作态度，那么，你永远无法把事情

做好，你的事业也难以得到长足的发展。

小惠毕业后来到一家设计公司实习，刚进公司就被分配给赵姐做徒弟。小惠是个很听话的孩子，赵姐让她做什么、怎样做，她都努力去完成，并且极力做到最好。

在赵姐眼里，小惠就像小妹妹一样，所以非常照顾她。可是时间久了，赵姐发现，小惠对自己不仅是听话，而且是过分依赖了。只有她在，小惠才能做好工作；或者不管做什么，小惠都要做一步问一步。让她自己做，她就会不知所措。

开始的时候，赵姐认为小惠还在实习期，工作上有些放不开。虽然找小惠谈过，她也答应尽量改变，但在日常工作上，小惠还是改不了“听话”的毛病。

实习期过去后，小惠成为设计公司的正式员工，从理论上来说，必须“单飞”了。可是她依然像以前一样，时时刻刻离不开赵姐的“指导”。

小惠的天分不错，有创意、有想法，完全具备“单飞”的能力，可就是不敢放手去做。只要赵姐给她交代一项工作，她就能知道应该怎样去做，只是在做每一步时，总是会问“这样对吧”，得到认可后，才会做。

其实，小惠根本不需要这样，只是以前依赖习惯了，没人认可，她就不敢动。

为了锻炼小惠，赵姐故意“冷落”她。有一次，经理让小惠独自做一个广告设计，设计内容很简单，颜色也并不复杂，可小惠还是拿着设计方案找到赵姐，让赵姐替她把关。

赵姐说：“你自己看吧，如果实在拿不定主意，可以去问经理，我也不好替你作决定。”听到赵姐这么说，小惠一下子愣住了，一脸委屈地坐在桌子前。看着眼泪汪汪的小惠，赵姐又有些于心不忍，只好引导她完成了工作。

不可否认，“职场断乳期”是人们行走职场的一个关键节点，也是一个人成熟的起点，不过这也因人而异，关键要看这个人的心理素质和心态。案例中小惠过分依赖伙伴，这种“藕断丝连”情结有两方面的弊端。

一方面，这种人一般都缺乏独立性，缺少竞争力，容易被周围环境、事物、人际关系等淘汰，适者生存，面对他的可能就是失业。

另一方面，过分依赖周围的人，频率过高，会招致别人的反感。这样对上下级关系、同事之间的交往极为不利，甚至慢慢会被孤立，这对于不成熟的职场人来说就更危险了。

这种不成熟，和我们的年龄和阅历并没有直接的关系，这是一种对别人的依赖心理。有些人在面对“职场贵人”时，本来是出于尊重，可由于尺度把握不好，尊重过头，事事请示，最后演变成依赖了。所以，要当断则断。

学会独立思考，偶尔请教别人，谦虚有礼，反而会给予彼此空间和尊重，博得对方的好感。与周围的人保持距离，这样，即使做不了职场达人，也能做一个职场“大人”。

绝大多数在职场中取得成就的成功人士，几乎都有一个共同的特点：善于思考、主动行事。面对老板的吩咐，他们不会被动地接受，按部就班，不假思索地去做，而是主动思考，借由自己的智力、知识与经验尝试解决问题，这些积累下来就是一笔可观的财富。

老板是企业的决策者，他只能提出一个大概的做事方向，并不能为你指出事情的具体做法。一般来说，他们都很忙，没有时间站在你的身边时刻给你指引下一步该如何去做。自己的任务就要自己去解决，不要等着老板指点迷津。要时刻清楚，老板聘用你的目的是让你帮助他做事，而不是让他帮助你做事。

有心理学家说，如果你能每天花上一个小时去思考某一个问题，坚持五年后，你就会成为那个领域的专家。这就是思考的力量。

※ 有主动精神的员工，会勇于负责，有独立思考能力。这些员工有别于那些像机器一样的员工，他们不会按别人的吩咐机械地完成工作，他们往往会发挥创意，出色地完成任务。

※ 员工能力的高低在很大程度上体现在能否把事情做透、做好，即事情的细节反映出做事的水平。如果以消极的心态对待“小事”，只把小事作为一个形式，敷衍了事，浅尝辄止，则会连“小事”都做不了。

※ 学会独立思考，偶尔请教别人，谦虚有礼，反而会给予彼此空间和尊重，博得对方的好感。与周围的人保持距离，这样，即使做不了职场达人，也能做一个职场“大人”。

第18章　像老板一样激流勇进

换位思考，像老板一样想事。不要总把自己放在员工的位置上，当你能够设身处地地为老板着想的时候，当你将工作当成事业来干的时候，就能够像老板一样激流勇进了。

拒绝借口，不为妥协和退却找理由

优秀的员工从不在工作中寻找任何借口，他们总是把每一项工作尽力做到超出客户的预期。他们总是出色地完成上司安排的任务，替上司解决问题；他们总是尽全力配合同事的工作，对同事提出的帮助要求，从不找任何借口推托或延迟。

很小的时候学过一篇课文，讲的是这样一个故事：

在原始森林中，住着许多鸟儿，这些鸟儿欢快地歌唱，辛勤地劳动，过着快乐的生活。在这些鸟儿中有一只叫做寒号鸟的小鸟，它有一身美丽的羽毛和婉转嘹亮的歌喉，为了卖弄自己的羽毛和嗓子，它到处游荡，四处炫耀。

看到其他的鸟儿辛勤地劳动，它嘲笑不已。好心的邻居们提醒它：“寒号鸟，赶快垒个窝，不然冬天来了怎么过呢？”

寒号鸟轻蔑地说：“冬天还早着呢，急什么啊！你们还是趁着今天大好的时光，快快乐乐地玩耍吧！”

就这样，时间一天天过去，转眼冬天来到了。其他的鸟儿晚上都住在自己温暖的窝里安详地休息，而寒号鸟却在寒风中，冻得瑟瑟发抖，此时美丽的歌喉再也婉转不起来，它只能在寒风里哀号：“多罗罗，多罗罗，寒风冻死我，明天就搭窝。”

可是，第二天，当太阳出来，万物苏醒。当它沐浴在温暖明媚的阳光中，寒号鸟又忘记了昨天晚上的痛苦，又快乐地歌唱起来。

其他鸟儿善意地规劝它：“快垒窝吧！不然晚上又该受罪了。”

寒号鸟不以为然地嘲笑说：“一群不会享受的家伙！”

很快，晚上又来临了，寒号鸟又重复前一天晚上的故事。就这样日复一日又过了几个晚上，大雪突然降临，鸟儿们奇怪寒号鸟怎么没有哀号呢？太阳出来了，大家寻找一看，寒号鸟早已被冻死了。

这虽然是一个童话故事，但是却寓意深刻，它说明了在人的一生中，不找借口，不拖延是多么的重要。

是的，许多杰出的人都富有开拓和创新精神，他们绝对不在没有努力的情况下就事先找好借口。而那些失败的人之所以陷入失败的困境，就是因为他们总是事先找出种种借口为自己开脱。

平庸的人之所以沦为平庸，是因为他们总是搬出种种理由来欺骗自己。而成功的人，一门心思考虑的是如何千方百计来解决困难，绝对不给自己找半点让自己退缩的理由和借口。不给自己找借口，是每个成功者走向成功的通行证！

2011 年年底，行销中心祁原坤经理丢了身份证，需要回家办理。当时正是冲刺业绩的时候，为了团队的目标，祁经理没有请一天假，而是通过周日的时间回家办理。

早上，祁经理乘坐飞机从深圳飞到河南郑州，两个多小时后到达了目的地。然后，他便直接做汽车到县城，直接赶到县公安局办理。办理完后，都没有回家看一眼，立刻就乘坐汽车赶到了机场。周日当天晚上返回深圳，第二天照常上班。

按照平常来说，祁经理完全可以请三天甚至一个星期的时间回家办理，但是祁经理并没有这样做。为了团队的目标，他没有给自己寻找任何的借口，一直都坚守在自己的工作岗位上，没有耽误一天的工作时间，甚至舍弃了回家看望父母的时间，这体现了我们所说的敬业精神，值得我们每一位职场人学习。

职场中，为自己找借口的人很多很多。99% 的失败都是因为人们习惯于找借口。借口是一种思想病，而染有这种严重病症的人，无一例外都是失败者。当然一般人也有一些轻微症状。可是，一个人越是成功，越不会找借口，处处亨通的人，与那些没有什么作为的人之间最大的差异，就在于借口。

在职场，有很多人都会用这样或是那样的借口逃避工作，时间久了你就会发现这些借口能毁了你的前程！

1. “我们一直就是这样的”

当工作没有突破，或有人提出墨守成规的不足时，有些人就会说：“我们一直都是这样的。”一直就是这样的，意在告诉他人我在某种被认可的、安全的定式当中。

一个缺乏创新精神的员工总是喜欢沿用传统而固定的模式，按部就班地工作，或许有那种喜欢下属不必具备进取精神的上司会青睐他们，因为他不需要一个挑战他的员工，但喜欢跟随他、丝毫没有个人主见的员工。

2. “不是我不努力，是对手太强”

为不思进取寻找借口时，通常会用到这句话——“不是我不努力，是对手太强。”遭遇困难时，积极地克服与应对会更加激发出一个人的潜能，不然就不会发生后来者超越前者的故事了。不思进取最终是意志品质上的认输，对手太强的意思就是：我比人家差太多。常说这句话的人，不是尊重对手，而是在不断否定自己。

3. “事先没人告诉我”

事先没人告诉的借口，往往是在工作失误浮出水面之后。比起事不关己的彻底逃避型，喜欢用“事先没人告诉我”来推脱责任的人更容易一脸无辜地来为自己开脱。

事先没人告知，不代表你不应该就有疑点的事情展开探索与询问，核实之后再下定论。这个借口的前戏是敷衍行事，而后戏就是出现问题把矛盾指向那个事先应该告诉你的人。

4. “这件事跟我没关系”

遇到问题的时候，有些人会说：“这件事跟我没关系。”如果用“嫁祸他人以减轻自己责任”来诠释它的含义，不要觉得太过分。事实上，很多人板起脸来显得与世无争时往往掩盖了他最真实的一面。

无论在哪一间公司，骄人的业绩都来自团队每一个部门、每一个人的紧密协作，而问题出现在某一个结点上也会影响全局。如果问题出现时我们都说与我无关，相信颓废之风马上遍地开花。

5. “我现在很忙，等下周吧”

在领导向下属分配任务的时候，有些人会说：“我现在很忙，等下周吧。”这是一种典型的拖延型借口。如果一个人的工作进度是按时间表规划好的，那么他会在接受任务时告诉你为什么目前不能做，手边有什么事情，大概会在什么时间段来操作这个项目。

现在有很多这样的员工，他们信誓旦旦，言之凿凿，把本来可以在短时间内完成的工作拖到以后。

只有前进，只琢磨“怎么干”

心无旁骛干工作是个人成事之基。人的素质有高有低，能力有大有小。可是，如果用心不专，精力分散，没有心血和智慧的持续投入，纵然你学识渊博、经验丰富，也可能干不好工作，做不成事情。

事实告诉我们，职场新人的首要任务是充实自己，而不要将太多精力花在猜忌他人上，应多琢磨事，少琢磨人。

2003 年 10 月，大学刚毕业的聂志伟和陈志刚同时进入一家公司，做销售工作。聂志伟言语不多，在公司时，上网收集资料，和客户电话沟通，和同事谈的大多是工作。

相比之下，陈志刚则显得八面玲珑：夸女同事衣服好看，与男同事称兄道弟，更不忘抽时间陪部门经理“搓搓麻”，似乎颇有人缘；他也因此了解了颇多“内幕”：某某是靠谁的关系进了公司，某某的奖金发了多少。陈志刚常“点拨”聂志伟：要把领导和同事的关系搞好，工作才更好做。

随着时间的推移，聂志伟的业绩开始领先于陈志刚，同样提出方案，大家对聂的方案讨论得很详细，对陈的则往往“一笔带过”。这让陈志刚倍感不平衡，心里有了情绪，工作也受到影响，他甚至已开始考虑是否要跳槽。

两周前，公司进行岗位竞选，聂志伟报了名。陈志刚则对聂志伟说：

“报了也是白报！我们都是新人，参加竞选的人谁没有关系啊？怎么可能轮到我们呢！”

经过积极筹备，聂志伟从12个竞争者中脱颖而出，成为区域技术销售部经理。总经理对聂志伟赞赏有加，他说：“IT公司具有年轻化的特点，因此新人的晋升机会很大。聂志伟好学实干、工作能力出色，公司当然会给这样的优秀职员提供锻炼机会。”

对职场新人来说，人际关系和工作环境固然重要，但更重要的是自身实力。与其把精力花在琢磨领导、同事身上，抱怨环境，还不如把心思花在工作上，能力提高了，还担心没有人赏识吗？俗话说，干啥吆喝啥。既然身在一个岗位，就要把心思放在工作上，竭尽全力干好本职工作。

把精力用到什么地方，反映了一个人的思想境界，体现了一个人的工作作风。古人说，不患无策，只怕无心。把心思和精力集中到工作上，就能一心一意想打赢、谋打赢；集中到难点上，就能攻克难点；集中到关键点上，就能势如破竹。

把精力用在工作上，本来不应当成为一个问题。可是，从现实情况看，仍有谈论之必要。把精力用在工作上，就是集中心思和精力把自己的本职工作做好。人的精力是有限的，工作之外的事忙多了，用在工作上的心思就必然会减少。

1. 要端正思想认识

要有认认真真、踏踏实实干好工作的从业态度；要热爱自己的职业，珍惜自己的岗位，确立一种对工作尽职尽责的思想，把保质保量干好自己的本职工作作为义不容辞的责任。

2. 要学技术、钻业务，把业务学精学透

要从书本上学，在实践中学；要在学中干，在干中学；要尽快地熟悉业务，并成为独当一面的业务骨干。

3. 要落实在实际行动中

要本着“不干则已，干就要干出个样子”的原则，安下心来，一心一意干好自己的工作；要集中精力，竭尽全力，围绕中心工作去干事情，拓展工作思路；要想方设法改变工作方法，提高工作效率；要严格工作标准和工作制度，保证工作质量；要遵章守纪，绝不对付，更不能“身在曹营心在汉”，手上干着工作，心里却想着钓鱼、打麻将的事。

忠诚员工不要任何借口

每个人都不希望在工作中出现失误，可是，“人非圣贤孰能无过”，人不可能不犯错误。如果在有错误发生时，其中的部分原因是因自己而起，就应该努力承担，并弥补错误，这样有利于建立良好的人际关系，反之则会破坏与同事和上司的关系，使自己的工作陷入无助境地。

研究发现，一个人对待错误的态度可以直接反映出他的敬业精神和道德品行！是自己的责任就要敢于承担，一定不能推脱，否则会失去老板对你的信赖，看低你的道德品行。老板如果这样看待你，就不会再对你委以重任了。

刘宇应当在上午10点之前完成一份重要的报表，以便能让部门经理有足够的时间熟悉这份材料，并以此为依据在第二天的公司部门经理例会上发言。可是直到下午2点，刘宇才拿着报表敲响了经理办公室的门。

“怎么搞的，到现在才把报表拿过来！”经理满脸的不高兴。

刘宇两手一摊，一副无可奈何的表情：“我原本也想早点做完，可资料部门的那帮人直到上午10点才把处理好的数据交给我。”

迫不得已，经理只好争分夺秒地弥补时间上的损失，花了大半夜的时间熟悉材料，才使得第二天的会议没出什么大差错。

刘宇一个借口不仅把自己的责任推得一干二净，还给别人带来了许多不必要的麻烦。经理对此很不满，不久之后就把做事爱找借口的刘宇给辞掉了。

凡事找借口的人，是不会主动想办法解决问题的，即使有现成的办法摆在他面前，他也难以接受。总是找借口的人，一般都提高不了工作效率，工作成效也就一目了然了。

找借口就是逃避现实，逃避自己因为胆怯不敢面对的现实。问题解决的前提就是正视问题。如果遇到问题首先想到的不是如何面对，而是如何回避，我们怎么能够指望企业上下能够正确地处理问题呢？一个优秀员工正是在遭遇问题这个过程中积累经验和学识，迎难而上，才能使问题得到圆满的解决。

工作就意味着责任，工作越多责任越大！找“借口”是害怕责任的表现。如果想成为一名受同事信任、受领导重视的好员工，就要勇于承担责任。

一个有责任感的人，在做事时，会踏实地做好每一步。只要我们带着热情去工作，把被动化为主动，把全身的每一个细胞都调动起来，就能够完美地完成工作。在我们深圳科略教育集团有一位金牌讲师——黄智振，他就是这样的一个人。

黄智振老师是我们深圳科略教育集团十大金牌讲师之一，为了帮助团队达成目标，在市场上一直全力以赴。

2011 年 11 月中下旬的时候，湖北天气寒冷，黄智振老师有点不适应，得了重感冒。可是，在后面的连续几天演讲中，黄老师没有发出一句怨言。

为了完成公司下达的指标，黄智振全力以赴地去企业演讲。虽然嗓子沙哑，咳嗽连连，依然坚持讲课。每次演讲完后，他都会打电话和我们详细交流场次的情况，告诉我们需要改进的地方。

不可否认，黄老师真的是工作无借口！为了帮助客户和公司达成目标，完全不为自己身体着想。这种敬业的精神使我们感动，值得我们每一个职场人士去学习。

优秀的员工从不在工作中寻找任何借口，他们总是把每一项工作尽力做到超出客户的预期，你可以去看看，有很多职场案例是最大限度地满足客户提出的要求，而不是寻找各种借口推诿；他们总是出色地完成上司安排的任务，替上司解决问题；他们总是尽全力配合同事的工作，对同事提出的帮助要求，从不找任何借口推托或延迟。

在现在社会，每个人都处在激烈的社会竞争中。企业需要的是认真、负责敬业的员工，是对企业忠诚、对工作充满热情的员工。当你拥有和公司荣辱与共的精神时，就会充满热情自觉自愿地去做好每一件工作，不管工作有多困难都不会去寻找“借口”，而是尽自己所能去完成任务。在你充满热情的动力下，相信困难会迎刃而解，每一个任务都会以最好的结果被完成。只要你努力了，付出了，很好地体现了自我价值，就会得到大家的肯定。

※ 平庸的人之所以沦为平庸，是因为他们总是搬出种种理由来欺骗自己。而成功的人，一门心思考虑的是如何千方百计来解决困难，绝对不给自己找半点让自己退缩的理由和借口。不给自己找借口，是每个成功者走向成功的通行证！

※ 把精力用到什么地方，反映了一个人的思想境界，体现了一个

人的工作作风。古人说，不患无策，只怕无心。把心思和精力集中到工作上，就能一心一意想打赢、谋打赢；集中到难点上，就能攻克难点；集中到关键点上，就能势如破竹。

※ 借口是一种思想病，而染有这种严重病症的人，无一例外都是失败者。处处亨通的人，与那些没有什么作为的人之间最大的差异，就在于借口。

第19章　忠诚员工的“多”与“少”

忠诚的员工，一般都懂得担当，工作务实，时刻都会为未来的成长作出准备。为了让自己成为忠诚的员工，就要少一点盲目、推诿和浮躁。其实，做忠诚员工“多一点”“少一点”就可以。

多一点准备，少一点盲目

作为一名普通职员，“每天多准备百分之一”的工作态度能使你从竞争中脱颖而出。有了这一点，你的企业、上司、同事和顾客会关注你、信赖你，从而给你更多的机会。这种态度是一种极珍贵、备受看重的素养，它能使人变得更加敏捷，更加积极。

每年春节后开工，很多职场人士都会发现自己的“同桌”悄然“蒸发”了。由于晋升受限、公司业绩下滑、人际关系问题，节后有意跳槽的白领开始伺机而动，传说中的跳槽高峰就会扑面而来。

在人力市场上，“金三银十铜八九”是众所周知的招聘黄金时间，同样也是跳槽的黄金时间，所以，春节后是一年一度的跳槽高峰期，特别是

对于刚刚毕业不久的“80后”年轻人，更会这样。

年后上班第一天，在建筑公司做预算工作的华伟准时来到公司，他没像往常一样开始准备一天的工作，反而一来就“炒”了自己的老板。

血气方刚的华伟经常抱怨公司太“家族”，自己得不到应有的晋升机会。年前一次部门内部的晋升评选，华伟自认比另一个人资历深，工作成绩也要优秀，这都是有目共睹的。结果，华伟却因少一票而落选。后来同事安慰他说：“谁让人家是老板的亲戚呢?”

华伟愤愤地说：“我自己忍了很久，早就有辞职的打算，要不是想着年前辞职影响年终奖，早就不干了”。

这次的年终奖恰恰充当了“起跳”的导火索。因为最近楼市不景气，导致建筑公司的日子也不好过，公司原本承诺的年终奖最后从“苹果四代”瘦身为“四袋苹果”。一气之下，华伟在年后第一天干脆辞职，另谋出路。

资料显示，72%的职场人士打算在5年内转换职业发展方向，92%的员工希望晋升至高管。个人与工作的匹配度是决定职场人士去留的因素之一，而企业文化、评价机制、薪酬福利，也是职场人士考虑的要素。

成为卓越员工并不是一件多么困难的事，你只需要做到：每天多准备1%。

老子在《道德经》中说：“合抱之木，生于毫末，九层之台，起于累土，千里之行，始于足下。”这些古老的中国经典文化说明一个道理：量变积累到一定程度就会发生质变。所以说，不要幻想自己能突然脱胎换骨，马上就能成为一个卓越的员工。要知道，从平凡到优秀再到卓越并不是一件多么神奇的事，你需要做的就是，每天进步一点点。

1963年，气象学家洛伦兹提出了著名的“蝴蝶效应”：一只南美洲亚马孙河流域热带雨林中的蝴蝶，偶尔扇动几下翅膀，可能在两周后在美国得克萨斯引起一场龙卷风。蝴蝶翅膀的运动，导致其身边的空气系统发生变化，并引起微弱气流的产生，而微弱气流的产生又会引起它四周空气或其他系统产生相应的变化，由此引起连锁反应，最终导致其他系统的极大变化。这个结果说明，事物发展的结果，对初始条件具有极为敏感的依赖性，初始条件的极小偏差，将会引起结果的极大差异。

每次一点点的放大，最终会带来“翻天覆地”的变化。成功就是每天进步一点点。成功来源于诸多要素的几何叠加。比如，每天笑容比前一天多一点点；每天走路比前一天精神一点点；每天行动比前一天多一点点；每天效率比前一天提高一点点；每天方法比前一天多找一点点……每天进步一点点，假以时日，我们的明天与昨天相比将会有天壤之别。

如果你是个有创意的员工，就应该明白仅仅是全心全意、尽职尽责是不够的，还应该在工作中比别人多准备些。表面上看来，你没有义务要做自己职责范围以外的事，可是你也可以选择自愿去做，以鞭策自己快速前进。

这种态度是一种极珍贵、备受看重的素养，它能使人变得更加敏捷，更加积极。无论你是管理者，还是普通职员，“每天多准备百分之一”的工作态度能使你从竞争中脱颖而出。你的企业、上司、同事和顾客会关注你、信赖你，从而给你更多的机会。

多一点担当，少一点推诿

责任感是我们战胜工作中诸多困难的强大精神力量。一位成功人士曾这样描述自己心目中的理想员工：“我所需要的员工是具有进取精神、敢于承担高强度工作任务的人。”那些勇于向高难度工作挑战的员工始终是人才市场上的“抢手货”。

职场中，经常会看到这样的现象：由于工作中的疏忽大意、漫不经

心，而导致了损害的发生。而漫不经心背后，恰恰正是责任感的缺失！有时候一个很小的错误，不但会带来经济损失，甚至还会带来很多不必要的麻烦。对此，一家知名的电脑公司就有过前车之鉴。

2001年12月，也就是在圣诞节之前，这家电脑公司在自己的网站上误登了一款音箱的价格，这款音箱正常售价为229美元，可是当时的标注为22.9美元。

这样的信息在网站上一经刊登，不到一个星期就收到了大量的订单，虽然因为订单数超过了库存数量，其中一部分订单被迫取消了，可是，为了维护自己经营的诚信，这家公司仍不得不按照错误的价格为下了订单的顾客发货。

这只是一个很小的错误，只是写错了一个毫不起眼的小数点，可是为公司带来的损失却是巨大的。实际上，工作中的许多小事都影响着整个公司的运营，看似事小，一旦疏忽了，造成的损失却是难以想象的。如果当初录入数据的员工能够仔细一点，把这件小事做好一点，就不会带来那么大的损失了。

一旦投身职场，随之而来的就是个人或团队的责任。责任感是我们战胜工作中诸多困难的强大精神力量，当责任感和自信心联系起来时，员工的挑战性是超越一切的，能力也会得到充分的发挥。

许多人把应承担的责任推给领导，认为自己只是机器上的一颗螺钉，并没有什么权力，所以也不用去承担什么责任，特别是出现问题的时候，不敢或不愿挺身而出承担相应的责任。但事实上，我们做每一份工作的态度和成效都有可能得到密切关注，而这又可能会对自己整个职业生涯产生深远的影响。所以只有做好眼前的工作，未来的发展才会水到渠成！

在科略公司有一个团队叫珠峰队，在2011年下半年，每个团队都在为年底的目标冲刺。在9月初的时候，珠峰队制定了本月的目标及行动措施和承诺——如果没有完成目标，所有的顾问从公司步行到南头检查站，全程三十多千米。可是，虽然大家都在为这个目标全力以赴，但最终还是离目标差那么一点点。

在10月初的一个晚上，珠峰队所有的顾问7点钟在公司集合，履行他们的承诺，步行到南头检查站。刚开始，大家没有太多的言语，都在总结为什么没有达成目标？哪些地方需要做得更好？可是，随着离南头检查站越近，越感到疲惫，尤其是几个女孩子。但是，他们没有停下来，大家相互鼓励着，为对方打气。在凌晨3点23分的时候，他们到达了南头检查站，这时他们哭了！整个过程，一共花了8个半小时。

当一个人能够为自己说过的每一句话去负责任的时候，那么这个人一定会有所作为。当一个团队声音一致、言行一致的时候，为我们说过的每一句话去负责任的时候，那么这个团队必定强大。

工作就意味着责任，每一个职位所规定的工作任务就是一份责任。当我们对工作充满责任感时，就能从中学到更多的知识，积累更多的经验，就能从全心投入工作的过程中找到快乐。当我们负起责任时，战胜工作中诸多困难的那种强大的精神动力，它使我们有勇气排除万难，甚至可以把不可能完成的工作任务完成得非常出色。

一旦失去责任心，即使是做自己擅长的工作也会做得一塌糊涂。因此，我们在做任何一项工作的时候，成不成功，通常取决于是否有强烈的工作责任心以及主动积极的工作态度。

我们对待工作要如何来强化工作责任心呢?

首先，要充分发挥自己的主观能动性。接到工作任务后，不能只是被动地服从，抱着完成任务、搪塞的态度去做，而是用正确的态度去看待这份责任。

其次，不仅要做好领导要求的工作，而且在工作中要主动，对自己所做的工作任务要切实负起责任。能够结合工作过程中的实际情况，在不违背工作原则的情况下，创造性地完成任务。在工作中，经常会遇到一些预

想不到的困难，这时我们不能退缩，只能前进，鼓足勇气增加干劲，懂得运用、发挥自己的聪明才智，去克服遇到的各种困难，这就必须有着一种坚忍不拔的奋斗精神。

最后，要不断进取、开拓创新。当今社会充满了竞争，我们都是竞争的主体，知识经济时代的到来，对大家的工作、学习、生活的能力提出了全新的要求，优胜劣汰的市场竞争法则面前人人平等。

因此，我们不能仅仅满足于现有的知识及工作经验，工作中要不断地充实自己，提高自己，虚心地向身边的同事学习，学习他们的宝贵经验并与新的知识相结合，才能使自己永远立于不败之地。

多一点务实，少一点浮躁

没有踏实的脚步，就留不下深深的脚印。蜻蜓点水式的工作态度，注定无缘于成功的阶梯。人本以务实立身，没有了务实，也就丧失了立身之本，也就要让自己最终来承受遭人唾弃的恶果。

初入职场的大学生在刚参加工作时，往往会表现出一种非常积极、充满激情的工作心态。从他们工作的第一天起，每个人的心中都有一番雄心壮志，都希望在工作中尽快脱颖而出，尽快地走上公司的管理阶层。

大学生有理想、有斗志固然好，对成功的追求与渴求也是正常的，可是必须把心态调整好，不能急于求成，幻想在最短的时间里，在各个方面都做到最优秀，让老板尽快给自己一个重要的领导岗位。

可是有些人一旦自己在短期内的努力没有马上得到回报，就会认为这公司不重视人才，没有伯乐，在人才的管理上存在问题，好像自己在这里工作没有前途。在这种情况下，一些人又会产生想跳槽的想法。

殊不知，在这里工作的老员工，他们无论在工作的能力还是在工作的经验上都比现在的你做得更好。也许你就是一个潜力股，也许领导会在对你考查一段时间后，让你从事更多的更重要的工作岗位，但由于一个急于求成的心态，让成功与你失之交臂。

大学毕业后，郑爽应聘进入了一家广告公司。

郑爽充满了上进心和积极的工作热情，进广告公司的时候，他对自己严格要求，工作上精益求精，业绩尤为突出，比其他同事有着更好更高的发展前途。在自己的职业生涯中，他渴望自己能够早日实现成为一个广告名人的远大理想。

公司领导也都十分欣赏他的这种志向，他们认为郑爽虽然刚刚参加工作，还需要锻炼，但他聪明上进，志向远大，成长空间大，不失为是一个可塑之材。

公司对刚进公司的人员有着自己的一套培养计划。他们要求新手必须一切从自己身边的小事做起，从最低的工作岗位做起，任何事情都要循序渐进地进行。

郑爽觉得，如此一来自己何时才能有实现梦想的那一天？于是，他就开始在私下直接进行高端设计，然后通过各种渠道来投递自己的作品，希望能够一鸣惊人，一步升天。

可是很长时间过去了，一切都石沉大海，杳无音信，但公司并没有因此而责罚他影响公司的正常工作，依然给了他很大的支持，并让权威人士给他做全面指导，让他离自己的理想也越来越近。

郑爽自己也十分努力，经常加班。可是，对于那些似乎是任何一个人都能胜任的任务来说，郑爽却依然是不顾领导的良苦用心，丝毫不放在眼里。接到的任务，紧赶慢赶就草草了事，继续去做自己所谓的大事。

经过了一段时间的熟悉，公司开始正式给员工分配任务，郑爽接到的任务是给客户做一个简单的封面设计，让客户对自己公司的水平有一个初步了解。可是，郑爽去做的时候却懵了，因为不懂技术，他做了近两个小

时还没有完成。这时客户却突然提前来了，领导一看郑爽还在摸索，就十分气愤地叫了一位有经验的设计师来替代他。

设计师三下两下就把封面设计做了出来交到了领导手里。在设计师工作的时候，郑爽本来应该认认真真地跟着虚心学习，但他却迫不及待地又跑回自己的办公室做起了自己的事情。此后，在工作中，郑爽所犯的错误越来越多，有些错误甚至到了让人啼笑皆非的地步，这些错误给公司造成了不好的影响，也造成了一定程度上的损失。郑爽此时也开始离自己的“大事”越来越远。最后，郑爽不得不遗憾地离开公司。

通过这么多的教训，郑爽意识到，踏实认真工作才是关键。郑爽决定要从此振作起来，借助自己的实力去一步一步实现自己的梦想。

初入职场之时，郑爽大事做不好，小事又不屑于去做，没有耐心与毅力，更是失去了为人的诚信，推脱了自己本应承担的责任，最终导致自己与成功背道而驰。这也是我们应该引以为戒的。

刚参加工作的大学生，很多人都表现出对目前工作的不满，甚至对别人的离职特别不了解，认为那么好的工作怎么会离职，这就是一种“围城”的心态。里面的人想出来，外面的人想进去，一山望着一山高。人们都一直在向外思考，而没有向内去思考自我，去站在企业和社会现实的角度考虑一些问题。

当出现这种浮躁心态的时候，有没有认真思考过究竟是自己的问题还是企业的问题？沉下心来，踏踏实实地干一段时间，当真正地融入到企业里干一段时间后，也许你会重新找到自己的定位，发现自己的价值。

陈林是一家酒业公司的销售人员。他这个人很懒，从来都不知道努力去工作，每天其他同事们都出去联系业务，他却躲在办公室里偷偷睡大觉。来这家公司已经好几年了，他的销售业绩还是和从前一样，勉强只能达到公司的最低要求。

有一次，又到了月底发工资的时候，陈林高高兴兴去拿薪水，却发现自己这个月没有奖金。他感到非常不满，心想：我又没犯错误，干吗要扣我的奖金？于是，气冲冲地跑过去质问经理。

经理看到他，也没好气，就从办公桌里掏出一份文件丢给他，对他说："看看你这个月的销售业绩，再看看你同事的销售业绩，你还认为你能拿奖金吗?"

陈林接过来一看，顿时满脸羞愧，他发现自己现在是公司中销售业绩倒数几名的员工，仅仅比那几个新人强一点，和自己一批的老同事业绩都是自己的几倍。看到这份统计，陈林也没脸找经理要奖金了，灰溜溜地走出了办公室。

职场中，要想得到高报酬，简单地混日子是远远不够的，还要踏实工作，力争在工作中做出业绩，为公司的发展添砖加瓦。公司的利润多少直接关乎每一位员工的收入——公司赢利多了，员工就能多拿工资；公司赢利少了，员工的薪水也要缩水；如果公司不幸倒闭了，那么员工就连一分钱都拿不到了。因此，要想安安稳稳地从公司拿薪水，就要在工作上倍加努力，踏实工作。

那么，如何才能平稳地度过浮躁期呢？为了让自己尽快进入工作角色，可以从以下几方面着手。

1. 了解公司的发展战略

只有从更高的大局的角度去了解公司，才能够对公司充满信心，会找到自己的定位和今后努力的方向，这样个人目标和公司目标就会有机地融合到一起，自己与公司共同成长。所以，在参加工作时，不要把眼光只局限于公司的现状、眼前的利益，要多和领导沟通，深刻认识到公司的发展方向和前景。

2. 创造良好的人际环境

对于新员工来说，在短期内离职的原因很大程度上是因为在公司工作得不快乐。工作得快乐和快乐地工作是决定他们去留与否的关键因素，所以，一个快乐的人际交流环境的重要性就开始凸显出来。

这种和谐的交际环境应该如何创造？要主动地去和老员工沟通，在最短的时间内让自己成为这个大家庭中的一员，体会到和大家相处的快乐，为自己搭建一个良好的人际平台。只有当新员工融入到企业中，才能够创造出一个快乐的环境，才能在这种环境中体会到快乐。

3. 做好职业规划

今天的处境是由当时的选择决定的，选择比努力更重要。真正参加工作后，很多人都会发现自己其实不喜欢这种工作或这种工作不适合自己。这说明，很多人的职业选择是盲目的，没有做好职业规划，。

为了避免这种情况的发生，一定要做好人生职业规划，关键是自己通过对自我的真实的深入的分析，清楚地知道自己到底喜欢什么，追求的终极目标是什么，自己适合干什么。只有把自己的目标和自身的职业兴趣有机地结合起来选择自己的工作，达到两者的统一，才能实现企业和个人的双赢。

※ 无论你是管理者，还是普通职员，“每天多准备百分之一”的工作态度能使你从竞争中脱颖而出。你的企业、上司、同事和顾客会关注你、信赖你，从而给你更多的机会。

※ 一旦投身职场，随之而来的就是个人或团队的责任。责任感是我们战胜工作中诸多困难的强大精神力量，当责任感和自信心联系起来时，员工的挑战性是超越一切的，能力也会得到充分的发挥。

※ 如果工作一段时间后，你发现这种工作的确不适合自己，那么你可以重新去选择，这样，你至少可以清楚地了解自己下一步到底应该找什么样的工作，让你的选择不再盲目，从而才会有一个更好的人生选择。

第 20 章　选择态度比选择工作容易得多

忠诚度出现问题，很多时候是因为心态问题，调整好心理，端正态度，问题就会迎刃而解。因为选择态度比选择工作容易得多。

换工作不如换思维

如果你懂得凡事换种角度思考，你就会觉得豁然开朗。工作并没有你想象得那么差劲，也许看似平淡的工作中，有你意想不到的亮点。当你从工作中感受到充实、快乐、成就感等积极的因素时，你的人生必将进入一种全新的境界。

有个人，整天对人抱怨自己的工作有多糟糕。

有一次，他又向一位智者诉起苦来："你知道的，世界上再没有比工作更折磨人的事情了。"接下来自然又是一大堆的抱怨。

"请原谅，"智者打断他的话说，"据我所知，工作可不像您说的那样，它并非是一件苦差事。"

"你在说什么呀?"这位满腹牢骚的先生叫了起来，"工作可不就是件苦差事吗?"

"你错了,"智者静静地看着他,接着说,"工作是一种幸福的差事,我们有什么理由把它当做苦役呢?"

"是吗,也许你的工作是那样。"这可怜的人苦笑道,"可是我的工作太枯燥了,我实在感觉不到有什么幸福可言!"

"你又错了,"智者认真地分析说,"其实,问题并不是出在工作上,而是出在我们自己身上。如果你本身不能热情地对待工作的话,那么即使让你做自己喜欢的工作,一个月后你依然觉得它乏味至极。"

那位先生若有所悟,开始静下心来认真思考关于工作热情的问题。

工作并不只是谋生的手段。当我们把它看做一种快乐的使命,并投入自己的热情时,上班就不再是一件苦差事。工作是为了自己更快乐!做快乐而又成功的工作,是一件多么合算的事啊!

爱默生曾说:"有史以来,没有任何一项伟大的事业不是因为热情而成功的。"一个热情的人,无论是做清洁工,还是当公司经理,都会认为自己的工作是一项神圣的天职,并怀着浓厚的兴趣。

工作热情是成就一切的前提,事业成功与否,往往取决于做事的决心和热情的工作态度。在工作面前,拥有非成功不可的决心和满腔的工作热情时,困难往往迎刃而解,终将取得优良的工作业绩。

有个美国记者到墨西哥的一个部落采访,这天是个集市日,当地土著人都拿着自己的物产到集市上交易。

这位美国记者看见一个老太太在卖柠檬,5 美分一个。老太太的生意显然不太好,一上午也没卖出去几个。这位记者动了恻隐之心,打算把老太太的柠檬全部买下来,以便使她能高高兴兴地早些回家。

当他把自己的想法告诉老太太的时候,她的话却让记者大吃一惊:"都卖给你?那我下午卖什么?"

人生最大的价值,就是对工作有兴趣。可是,在职场中,像卖柠檬老

太太那样，对工作充满热情的人并不多。恰恰相反，就像我们前面提到的那位先生一样，很多人把工作视为苦役，他们早上一醒来，头脑里想的第一件事就是：痛苦的一天又开始了……磨磨蹭蹭地挪到公司以后，无精打采地开始一天的工作，好不容易熬到下班，立刻就高兴起来，和朋友闲聊之时总不忘诉说自己的工作有多乏味，有多无聊，如此周而复始。

职场中，要从工作当中找到乐趣、尊严、成就感以及和谐的人际关系，这是我们作为职场人士必须要做的事。即使你的处境不尽如人意，也不应该厌恶自己的工作，世界上再也找不出比这更糟糕的事情了。如果环境迫使你不得不做一些令人乏味的工作，你应该想方设法使之充满乐趣。用这种积极的态度投入工作，无论做什么，都很容易取得良好的效果。

心胸有多广，事业就有多大

有人说，不见大海不知天有多宽，见了大海才知人是多么渺小。海，是宽容的，随时都可以包容一切。实际上，做人的道理也在于胸怀，只有拥有了宽广的胸怀，才会体验到“退一步，海阔天空”的轻松和愉悦。职场中，心胸有多大，事业就有多大。

俗话说，“一人难做百人饭，一人难称百人意。”可是，在公司，有一位吕大姐竟然能赢得单位所有人的喜欢。她的秘诀是什么呢？是心宽。

2008 年，吕大姐和单位的另一同事竞争一个副高职位。从学历、资历、业务能力综合来看，她略胜一筹。可她却主动放弃，把名额让给了那位同事。

有些同事不理解，问她：“到嘴的鸭子就这样飞了？”她笑笑说：“我还有机会。再说了，他是男的，男人的生活压力本来就大，我又何必给他添乱呢？就算成人之美吧。”

简单的几句话，展现的是她的心胸宽广。这样的人，谁不愿意和她打交道呢？一次，和一位同事因为某事争得面红耳赤。两人都认为自己在理，谁也不肯退让，一时竟然发展到伤了和气。第二天，她主动找那位争论者赔礼道歉："我真心地向你道歉，昨天是我不对，非要和你争出个是非曲直来。如果你不介意，咱们到此结束，和好如初，怎么样？"

一场激烈的争论就这样化干戈为玉帛。其实，当事人听到如此中肯的道歉话语，又想到彼此的争论或许根本无所谓对错，所有的纠结又怎能不薄雾云开呢？

谁人背后无人说，谁人背后不说人。这句话适用于绝大多数人。在跟吕大姐打交道的10年间，从来没有听过她背后说人闲话。不过，有一个人多次对同事说起吕大姐的闲话，而且不堪入耳。

一次，同事实在忍不住对吕大姐说了实情。不曾想，她一点不生气，反而自我检讨似的说："可能我无意中伤害她了，否则用不着对我恨之入骨。我必须弄清楚，到底是什么让我们之间产生了隔阂，并设法弥补。"

四五天之后，同事便看到她们两个在一起有说有笑，下班后还相约一起逛街。对此，同事只能暗暗地佩服她。

日久见人心，此话一点不假。和吕大姐接触时间久了，她用她的宽广心胸打造的职场"绿色环境"，让每一个人都倍感舒适。吕大姐成了凝聚单位职员的向心力，受人尊敬，让人喜欢。她在38岁时，当上了单位的一把手。

心宽方能驰骋职场，这是吕大姐给职场人士的贴心忠告。

宽容待人，就是在心理上接纳别人，既接受别人的长处，也接受别人的短处、缺点和错误，这是理解和尊重别人的处世方法和处事原则。唯有这样，我们才能真正做到和平相处。别人犯了一点错误，你就当众指责；别人有某种难言的隐私，你却偏偏当众揭发令他难堪；别人和你有一点嫌隙时时记着去报复，这些都不是正确的待人之道。

在职场中，一定要懂得忍耐和宽容。身处职场，由于各种关系错综复杂、盘根错节，人事纠葛时有发生。当与他人发生矛盾时，当被人误解和非议时，我们要抱着君子坦荡荡的态度一笑置之。

那么，怎样才能达到做人胸怀宽广的境界？

1. 做事有原则

一味的宽广并不是真正的宽容，反而会让别人反感，得到别人的尊重，要有自己的想法，摸着自己的良心问自己，事情该怎么处理就怎么处理，问心无愧就行。平平淡淡的，顺其自然就好，不勉强自己，也不委屈自己，做想做的事，坦坦荡荡问心无愧，做个实实在在的自己。

2. 宽容大度

雨果曾说过，只要有一种看透一切的胸怀，就能做到豁达大度，把一切都看做“没什么”，才能在慌乱之时从容自如；忧愁时增添几许快乐；艰难时顽强拼搏；得意时言行如常；胜利时不醉不昏。人的面部表情与人的内心体验是一致的。心情舒畅，精神振奋是宽容大度的体现。

3. 沉得住气

一般来说，心胸狭窄的人都是由于有潜意识的自卑心理和缺乏自信心所导致的。要学会调整自己的心态，增强自己的自信心，克服自卑心，只要你能做到这些，你的心胸就会开阔起来的。当你遇到挫折的时候，应该保持头脑清晰，面对现实、不要逃避。冷静地分析整个事件的过程，分析一下是否是自己本身存在问题。

4. 听取他人忠告

忠言逆耳，很多时候我们往往刚愎自用，听不进他人的忠告。多听听他人的忠告，有时虽然“难听”，但也一定要强迫自己听。自我怀疑和对自己的能力失去信心是常见的。任何人，无论表现得多么自信，也难免对他面临的挑战缺乏自信心。

5. 善待身边的朋友

在现实生活中，我们更应该好好珍惜身边的朋友，真诚待人，特别是那些益友，能在他们身上学到很多东西，学会留住身边的缘分。理解别人的处事方法，尊重别人的处事原则。

6. 注重换位思考

每个人对于事情的看法都是不同的，所以当一个人和你的想法、看法有不同的意见，或者和你有过什么争执，或者让你生气了的时候，那么就学着站在对方的角度去想，如果你是他，你又会如何。宽容一个人不难，难的是愿不愿意做到可以站在对方的角度看问题。

7. 善于调节自己

不要总是把自己封闭在一个小空间，要多参加一些社会活动，多走出家门，在与人接触的过程中，是会让你的心胸变得更宽阔的。另外，出去旅行，看看祖国的大好河山的话，也是会有一定的效果的。

没被提升是自己做得不够好

经常会听到身边很多朋友发牢骚，在公司这么久了，怎么还没有加薪，还没有升职，越想就越觉得不公平。这样一来，做事就没有动力，工作进度就落下了。其实，很多时候，自己之所以没有加薪，主要原因还在于自己，要多想想：自己在哪些方面还做得不够好。

相信很多职场人士都有这样的苦恼，工作勤勤恳恳，业务也不错，但无论自己多么努力，就是得不到领导的认可，更别说重用。为什么？很多人不从自身找原因，而是一味埋怨领导有眼无珠，不识人才。

那么真的是领导们有眼无珠，不识人才吗？还是自己的方式和方法不对，脑筋没有动到点子上呢？

不管承认不承认，身在职场，没有人不想得到领导的重用和提拔，但是对于职场人士来讲，重用和提拔的机会又不是很多，任何一个单位，能够被领导重用的人少之又少。

这里，不妨举一个例子。

一位同事，为了得到领导的提拔，每天提前一个多小时到单位打扫卫生，给每一位同事尤其是领导茶杯里准备好热茶。上班时间一到，单位所有办公室的地板干干净净，桌子和玻璃擦得一尘不染，当了半年的无名英雄。

原本以为会得到领导的重用，但是他错了，得到的只是几次不痛不痒的表扬，至今为止依然原地踏步。为此，他私下背着领导破口大骂，说领导有眼无珠……

同事错了吗？没错，工作勤恳是好事，但是方法不对，无名英雄用在职场很不合适。职场的竞争异常激烈，领导重用人才的标准，不仅仅看你是否勤恳，最重要的是看你有没有“货”，“货”是什么，是关键时刻能不能独当一面，能不能为企业或者单位带来利益，带来效益。

高以成在一家公司做司机，日常负责老板的外出工作。刚到公司时，老板交代公司用车每月的费用是5000元标准，如果不够可以再到财务室支取，但一切消费都必须开国家正规发票。老板交代的情况，高以成也全记在心上。

一个月过后，公司用车的费用合计是3000元，足足剩下了2000元。高以成心想，标准是5000元，那么剩下的这些钱怎么办，是交给财务室，还是归为己有？高以成思前想后，最后，决定上交给财务室。财务室核实了发票后，又支付了下个月的5000元。

这个月，高以成陪老板出了两次远门，回来后已到月底。高以成把这个月的费用算了一下是4000元，于是还剩下1000元，但高以成还是上交了剩余款，又领了下月份的费用。很快一个月过去，又剩下1500元。

高以成心想，老板的标准是5000元，可每个月都达不到这个数字。以后在开发票时可以多开点，自己也好从中赚点钱。但一个月过后，高以成有心没胆，依然把剩余的钱款上交到财务室。

令高以成没有想到的是，自己居然做了老板的秘书兼司机。他这个月的工资涨了500元。后来，高以成在公司一个“老人”嘴里听到，之前的几个司机都是因为费用报销的问题离开的。高以成心想，这可能是老板在考验他，看看他是不是与从前的司机一样。

老板给高以成涨了工资，说明高以成通过了老板的测试。高以成回想起之前的私念，现在不免紧张，幸亏之前没有做，今后也不会再想。

高以成的经历告诉我们要想保住饭碗进而得到重用，必须经得起忠诚度的考验。作为员工，在一些涉及忠诚度的事情上不要自作聪明，老板心中永远有杆秤。而报销单则是大多数公司用来考验你的一个工具！

要想让公司重用你，得到你所想要的，你需要具备这样两个基本要素。

1. 人品

一个人的品德，是行事的准绳。很多在工作上表现优秀的人员因为这个基本要素而翻了船，从这个的角度来看，最考验人品的就是报销费用。既然是报销费用肯定就要用到公司要求的事情上去，你不能因为一时的侥幸心理，而把本不属于你的东西拒为已有。一旦让公司知道这种问题，你是再有能力也难在公司做得更好，最后只能落得被除名的结果。

2. 技能

要逐步积累工作经验，培养工作技能，这方面相对会花一些时间。很多时候，常常有的人会说，我只需要做好分内的工作就可以了，其他工作我凭什么做，又不给我加工资。但换个角度考虑，大家都不做，你做了，上司会怎么看你?

有时候多做点事情、吃点亏不是坏事。哪个老板不喜欢愿意做事的员工?哪个领导不喜欢有担当的下属?所以，工作技能的培养至关重要，请从现在开始就在工作中有意识地去锻炼自己各方面的技能，虚心请教，成为一个拥有高技能的人才。

※ 其实，工作并不只是谋生的手段。当我们把它看做一种快乐的使命，并投入自己的热情时，上班就不再是一件苦差事。工作是为了自己更快乐！做快乐而又成功的工作，是一件多么合算的事啊！

※ 在职场中，一定要懂得忍耐和宽容。身处职场，由于各种关系错综复杂、盘根错节，人事纠葛时有发生。当与他人发生矛盾时，当被人误解和非议时，我们要抱着君子坦荡荡的态度一笑置之。

※ 作为员工，在一些涉及忠诚度的事情上不要自作聪明，老板心中永远有杆秤。而报销单则是大多数公司用来考验你的一个工具！要想让公司重用你，得到你所想要的，你需要具备一些基本要素。

第21章　乐业者更容易忠诚

热爱工作，以工作为乐的人，才能体会到工作的乐趣，才能感受到工作的意义。要想打造忠诚精神，就要乐业，让自己体验到工作的愉悦情绪。

如何使工作成为享受

当工作不能成为一种享受而成为一种循环往复的单调时，确实会令人感到乏味。可是，每一个职场人还是不得不为了特定的利益而奔走劳累。其实，只有真正热爱工作的人，真正享受工作的人，才是真正幸福的人，才能够做到对工作的忠诚、对企业的忠诚。

有这样一个故事：

有一次，一个从美国来的旅游团到非洲的一个土著部落观光。部落里的人们虽然还不具备什么市场观念，可是，依然意识到了这是一个良好的赚钱商机，自然也就不能放过。

一天，游客们走到路边的时候，发现在一棵大树下面正悠闲地坐着一

个部落中的老人。他一边乘凉，一边编织着草帽，身边放着一些编完的草帽，一字排开，供游客们挑选购买。

由于草帽造型编织得非常别致，而且颜色的搭配也异常巧妙，游客们纷纷驻足购买。

一位精明的商人看到了老人编织的草帽，想："精美的草帽如果运到美国去，一定能卖个好价钱，至少能够获得十倍的利润。"

想到这里，不由激动地对老人说："这种草帽多少钱一顶呀。"

"十元钱一顶。"老人冲他微笑了一下，继续编织着草帽，那种闲适的神态，真的让人感觉他不是在工作，而是在享受一种美妙的心情。

"天哪，如果我买10万顶草帽回到国内去销售的话，我一定会发大财的。"商人欣喜若狂，不由得为自己的经商天才而沾沾自喜。

于是商人对老人说："我在你这里定做1万顶草帽，每顶草帽给我优惠多少钱呀?"他本来以为老人一定会高兴万分，可没想到老人却皱着眉头说："这样的话，那就20元一顶了。"

老人说："在这棵大树下对我来说是享受，如果编1万顶一模一样的草帽，我就得工作，不仅疲惫劳累，还成了精神负担。难道你不该多付我些钱吗?"

有人说，生活是舞台，我们每个人都在扮演角色。怎样的付出就会收获怎样的结果。那么，不如珍惜工作的每一天，珍惜自己的岗位，让工作成为一种享受。

工作中，难免会遇到不如意的事情，这个时候换个角度对待，把它们当成挑战，战胜它们就能收获快乐。

职场中，新进员工流动率很高。一个公司的领导对员工的要求特别严格，而且说话特别不留情面。最后就只有一个年轻人留了下来，面对领导不留情面的责难，他也会笑着接受，而且第二年当选为公司优秀员工。

原来他把老板的刁难当成自己进步的挑战。他说："其他人只看到老板不合理的地方，而我把注意力放在可能因此受益。”

挑战和新奇是让人觉得精彩和快乐的重要元素，如果把刁难当成挑战，不但不会让自己愤怒沮丧，反而会给自己的工作增添新鲜活力。

想要让工作成为一件快乐的事，尽量做到以下几点。

1. 了解工作的意义

了解工作的意义，明确自己的目标，你才能到达终点。如果每天只知道忙忙碌碌埋头苦干，为工作和生活压力所迫，渐渐地淡忘梦想，目标就会开始模糊。告诉自己所做的是高尚的、很有意义的，这样能促使你在工作中找回激情。

2. 缓解压力

工作压力过大时，要调整自己的受压心情，调节工作节奏，才能创造精彩的工作绩效。恢复和放松不需要太多时间，比如埋头写企业策划方案时，起身倒茶的路上，可以舒展双臂深呼吸。

3. 创意

工作如果缺少了创意，就不容易精彩，也就失去了快乐。专注对待工作，创意就可能随时迸发出光彩。成为一个创意十足的工作者，快乐也会随之而来。

4. 大事小事，都是快乐契机

那些真正乐在工作，而且觉得自己工作精彩的，不会放弃工作中任何一个可以学习的机会。去送一份文件没问题，因为这样就有机会认识别的部门的同事了；去复印一份档案好机会，这下可以学习怎么写公文。快乐的感受来自学习的成就感，学会了，有成就感，觉得兴奋开心，当然快乐。

乐业是一种态度，也是一种习惯

缺乏“喜”和“爱”的情感，从现实层面的表现来说就是不敬业；从精神和心灵的层面来说则是感觉空虚，没有寄托，得过且过混日子。无论是对于个人，还是事业的发展，都是消极无益的。

事实证明，一个对于工作感到不满、不能快乐工作的人，不管他如何努力，都是不会有卓越表现的。资料显示，大多数的职场失败者，都是由于对工作不喜欢，没有投入地工作。

职场中，很多人抱着一种受苦受难的心态面对每一个工作日的八小时，工作中的新任务能推则推，不能推则消极应付了事。其实，热爱自己的工作，拥有一个快乐、积极的工作心态是无价的。有这么个发人深省的小故事：

一家大学图书馆经经常有读者将书籍放错位置的现象，为此不得不雇用一些大学生做临时工，协助管理员将书籍放归原处。

消息一经发出，很多学生都来了兴趣，认为这是一次不错的看书机会。可是，经过一个星期的实践，绝大多数的报名者都打了退堂鼓。

很多人都认为这份工作枯燥乏味而迅速地辞职走人，只有一个瘦弱的小伙子留下了。因为他认为，做这份工作让他有点当侦探的意味。

这个奇妙的想法将原本枯燥的工作设想得非常生动诱人，小伙子两眼放光、精神抖擞地投入到工作中去。虽然刚开始的几天因为生疏只查到几本书，但是他对工作的特殊兴趣和热情一点都没有消退，很快便掌握了技巧和经验，查到的数量与日俱增。

当这个小伙子离开这里时，图书管理员依依不舍，同时心里暗想：这个小伙子日后一定能成大事。果然，多年后，他成了一家著名大公司的董事长。

事实证明，有事做的人是幸运的！当一个人的精神倾注于某项工作时，他的身心会形成一种真正的和谐，不管是多么卑微的劳动，都是有意义的。

当然，并不是每个人生来就对某样工作产生浓烈的兴趣。大多数情况下，我们必须积极培养对工作的兴趣，积极、敬业，才会从工作中感到愉快，也才能把工作做得有声有色，从而在群体中脱颖而出。

韩蕊是一所名牌大学毕业的高材生，任总经理秘书，在公司已经工作3年多了。韩蕊虽然是总经理的秘书，可是一天到晚也没有多少事可做。看到韩蕊的工作如此轻松，很多人都表示羡慕，只有她因为找不到机会、看不见希望而于心不甘。

这天上午，总经理在开会，韩蕊又没事可做，只好像往常一样在网上浏览一些新闻和八卦消息，消磨时间。11点多，总经理开完会出来，说："下星期我去上海出差，把上海两个客户的合同找出来。"韩蕊她只好怏怏地回到自己的办公室。总经理在公司她都感到无所事事，总经理出差之后她会更无聊。

星期天，韩蕊约好友出来喝茶，将心中的困惑说了出来。好友知道，韩蕊虽然工作很轻松，但它没有任何意义，韩蕊的价值无法体现出来，所以，对她来说这是一份很无聊的工作。只要稍有点上进心的人，都不会心甘情愿做这样的工作。

朋友对韩蕊说："要想实现自己的目标，就要做到'大胆'和'主动'。这里所谓'大胆'就是大胆向总经理提出请求，让自己为他做一些工作，比如买飞机票。如果总经理自己订机票，你可以这么跟总经理说：'老板，您那么忙，像订机票这种小事就让我来帮您办吧！'即使总经理再'顽固'，也不会拒绝秘书的'主动请缨'。还可以帮他做出差的其他准备工作，比如帮他查询目的地的天气情况，把客户的其他资料一起找出来，

把每个客户的资料分别用大信封装好……给上司‘打杂’，一方面让上司看到自己的能力，另一方面也能让上司从这种主动中看到你的上进心。”

韩蕊实践了朋友提供的“锦囊妙计”，果然取得了总经理的信赖，成了他名副其实的助手。虽然这样做工作量大大增加了，有时韩蕊也会觉得很累，但让她很有成就感，所以觉得很快乐！

由此不难看出，与工作强度比较起来，工作的成就感与快乐的关系更紧密。作为白领，一定要培养自己的成就感，品尝不到工作带来的成就感，自然就无法享受工作带来的快乐！

如果你有自己喜欢的工作，那么恭喜你！只要朝着自己希望的方向去努力，就可以了。

如果你没有想过自己究竟喜欢什么，很简单，从现在开始，喜欢现在的工作。如果强迫喜欢还是做不到，那就要么辞职不干，要不就闭嘴不言……

喜欢或不喜欢是一种心态、一种情绪。不喜欢一项工作，一定会找出很多理由。忠诚的员工都会享受工作带来的乐趣，做一个快乐的工作者，喜欢自己的工作，做自己喜欢的事情！

乐观面对工作，乐观面对一切

在工作中，不同的心境带来不同的效果，如果是带着怨气工作，则会觉得事事不顺心，从而导致对工作失去应有的热情，最终将一事无成。如果是用乐观的心态对待工作，在工作中寻找乐趣，那么你将越来越热爱自己的工作。

一次，美国前总统罗斯福的家中被盗，丢失了许多东西。一位朋友知道后，马上写信安慰他，劝他不必太在意。

罗斯福给这位朋友写了一封回信，信中说：“亲爱的朋友，谢谢你来安慰我，我现在很平安，感谢生活。第一，贼偷去的是我的东西，而没有伤害我的生命，值得高兴；第二，贼只偷去我部分东西，而不是全部，值得高兴；第三，最值得庆幸的是，做贼的是他，而不是我。”

对任何一个人来说，家中被盗绝对是一件让人郁闷的事情，罗斯福却找出了感谢和庆幸的三个理由来让自己快乐。

职场中想让工作天天快乐并不难，可以换一个角度，树立积极的工作态度，想象着每天都是新的，每天都将有收获。你就会微笑着面对生活。

很多时候，工作中之所以出现了问题，其症结是因为我们的工作态度出了问题。世界并不完美，心态可以完美。以积极的心态去面对工作，我们会豁然发现工作也有了转机。

大学毕业后，李方来到一家广告公司做业务员，他的主要工作是通过电话联系指定客户，然后去拜访那些有广告意向的客户。在办公室里，电话联系客户是很轻松的，可要出去和客户面谈就不容易，他就因为有的客户在郊区，去拜访他们十分不方便，不仅要转几趟车，有时还要步行。因此他不太愿意出去拜访客户。

一天夜里，李方睡不着，自己躺在床上想：为什么自己会有这种想法呢？想了很长一段时间之后，李方终于发现，原来自己还没有真正融入到自己的工作中去。最后，他告诉自己：这是自己的工作，既然选择了跑业务，就必须以积极的心态接受工作的所有内容。和客户面谈也是工作的重要的一部分，怎么能不去呢？

今天，李方已经成为一家跨国公司的销售总监。回顾在广告公司做业务员的经历时，他说：“拜访客户让我学到很多，比如如何面对客户，如何与人沟通和交流等。”

不可否认，李方之所以能够获得成功，离不开心态的调整。心态是你真正的主人！在职场之路上，既有数不尽的坎坷泥泞，也有看不完的春花

秋月，持一种什么样的心态，将最终决定你的人生轨迹。

要想实现自己的人生目标，就应当时刻保持积极的心态。在工作中，一味抱怨自己的境况是如何恶劣，最终只会让自己的处境更加恶劣。如果能够让自己转换一种思维，将抱怨化为感恩，在眼前必然会出现一个截然不同的崭新世界。

那么，如何才能让自己保持乐观呢？这里有几个小方法，值得一试。

1. 列张“感恩清单”，寻找积极事物

研究显示，每天记“感恩清单”的人往往会更加快乐，更加成功。在接下来的日子里，在每晚睡觉前，可以想出三件值得感恩的事情，然后大声说出来。如果你能让其中一件与工作有关，那么就可以训练自己的大脑忘掉那些日常的琐碎工作，关注自己工作的好处。

2. 找些事情，乐在其中

很多人认为“工作”和“乐趣”两个词是相互排斥的。可是研究发现，无论是和同事说笑，还是看搞笑视频，不时的轻松情绪都会让人更加清醒和有创造力。事实证明，当我们快乐的时候，神经元的传导速度会加快，效率也更高。如果工作已让你筋疲力尽，就可以在工作中给自己点奖赏，比如翻看上次度假的照片，或阅读自己特别喜欢的博客等。

3. 将自己的办公空间装点得更加明亮

研究发现，周围的环境会影响你的心情。职场中，有些东西会让你的大脑陷入不必要的恐慌状态，而有些东西会让你更有创造力，更加平静。你可以用图片和小物件装饰办公桌，让自己保持积极情绪。

4. 养成记日记的习惯

如果你总是担心一些坏事，比如可怕的传言、让人紧张的截止日期等，不妨花三分钟的时间将自己的感受写下来。这一做法虽然简单，却能够显著缓解不良情绪。

5. 营造良好的人际关系

在压力面前，聪明人也会干傻事，比如只关注工作，而封闭了自己的社交网络。可是，事实证明，面对压力和挑战，成功最重要的因素就是人际关系的数量和质量。

※ 把老板的刁难当成自己进步的挑战。挑战和新奇是让人觉得精彩和快乐的重要元素。如果把刁难当成挑战，不但不会让自己愤怒沮丧，反而会给自己的工作增添新鲜活力。

※ 并不是每个人生来就对某样工作产生浓烈的兴趣。大多数情况下，我们必须积极培养对工作的兴趣，积极、敬业，才会从工作中感到愉快，也才能把工作做得有声有色，从而在群体中脱颖而出。

※ 要想实现自己的人生目标，就应当时刻保持积极的心态。在工作中，一味抱怨自己的境况是如何恶劣，最终只会让自己的处境更加恶劣。如果能够让自己转换一种思维，将抱怨化为感恩，在眼前必然会出现一个截然不同的崭新世界。